"中华诵·经典诵读行动"之文化常识系列

尚善源　主编

中华玉文化

殷志强　多丽梅　著

中华书局

图书在版编目(CIP)数据

中华玉文化/殷志强，多丽梅著.-北京：中华书局，2012.11（2014.6重印）

（"中华诵·经典诵读行动"之文化常识系列）

ISBN 978-7-101-08481-8

Ⅰ.中⋯ Ⅱ.①殷⋯②多⋯ Ⅲ.玉石–文化–中国 Ⅳ.TS933.21

中国版本图书馆 CIP 数据核字(2012)第 230749 号

书 名	中华玉文化
著 者	殷志强 多丽梅
丛 书 名	"中华诵·经典诵读行动"之文化常识系列
责任编辑	祝安顺
出版发行	中华书局
	（北京市丰台区太平桥西里38号 100073）
	http://www.zhbc.com.cn
	E-mail: zhbc@zhbc.com.cn
印 刷	北京精彩雅恒印刷有限公司
版 次	2012 年 11 月北京第 1 版
	2014 年 6 月北京第 2 次印刷
规 格	开本/787×1092 毫米 1/16
	印张 12 字数 170 千字
印 数	13001-16000 册
国际书号	ISBN 978-7-101-08481-8
定 价	48.00 元

序：认识中国的标志

龚鹏程

（台湾师范大学博士、著名文化学者、北京大学中文系教授）

欧洲各地对中国的称呼，基本上都是 China（英语、德语、西班牙语、葡萄牙语、荷兰语等），或为 China 之同源词，如法语的 Chine、意大利语的 Cina，捷克语、斯洛伐克语的 Čína 等，还有希腊语的 Κίνα，匈牙利语的 Kína 等，这些词的语源均与印度梵语的 Shina 或 Cina 相同，发音亦均与梵文的"支那"相近。印度人为何称中国为支那，历来相信其来源于蚕丝。证据是胝厘耶的《政事论》中有中国丝卷（Kauseyam Cinapattasca Cinabhumi jah）。Cinapatta 原意是"中国所出用带子捆扎的丝"。古代世界，只有中国人懂得缫丝制衣，故以蚕丝之国称呼中国。

古希腊则称中国为赛里斯（Seres）。这个字的发音或说是"丝"，或说是"蚕"。汉代收唇音尚未消失，说是"丝"，略嫌牵强，这个字或许也出自"绮"。最早提到赛里斯这个"绮"国的，是在公元前 416 年到公元前 398 年间担任波斯宫廷医生的希腊人泰西阿斯（Ktesias）。其后，公元 1 世纪，罗马作家普林尼《博物志》写道："赛里斯国以树林中出产细丝著名，灰色的丝生在枝上，他们用水浸湿后，由妇女加以梳理，再织成文绮，由那里运销世界各地。"同一时期，希腊航海家除了知道在印度北方有个赛里斯国外，从海上也可到产丝之国。《厄立特里海环航记》指出："过克利斯国（马来半岛）时入支国（Thin）海便到了终点。有都城叫支那（Thinae），尚在内地，远处北方。"赛里斯或支国，是同一个地方，不过通往的道路和方向不同罢了。

不管支那或赛里斯，似乎都与蚕丝有关。但近代另有一说，以为支那之名不源于蚕丝，而源于茶。由于中国各地方言对"茶"的发音不尽相同，中国向世界各国传播茶文化时的叫法也不同，大抵有两种。较早从中国传入茶的国家依照汉语比较普遍的发音把茶称为"cha"，或类似的发音，如阿拉伯、土耳其、印度、俄罗斯及其附近的斯拉夫各国，以及比较早和阿拉伯接触的希腊和葡萄牙。俄语和印度语更叫茶叶（чай、chai）。而这两种发音，似乎也都与支那音近。

丝与茶，就是世界认识中国的标志了。

我们中国人自己，如果要谈中国是什么，往往讲不清楚，又是地大物博，又是历史悠久，又是儒道佛，云山雾罩，一套又一套。殊不知老外对这些根本搞不明白。他们对中国之认识，大抵即从那光洁滑韧的丝绸和甘酽清冽的茶里来。抚摸着丝、品着茶，自然对中国就有了一份敬意：能生产这样好东西的国度呀，那该是什么好地方！

茶与丝之外，还足以代表中国的，当是饮食文化和玉文化吧。饮食文化，蒸煮炒炸，许多技艺是迄今世上其他民族仍未掌握的，相关之文化也是其他民族辨识我们最重要的指标。饮食中的酒文化，也与其他民族不同，独树一帜。其中的蒸馏白酒，我以为即由中国道士炼丹时创造，与欧洲及阿拉伯之蒸馏法不同。它和酒曲之发明、运用，乃我国对世界酒文化之两大贡献。至于玉，更是中国审美文化之代表，人们不仅喜欢藏玉、佩玉、赏玉，更要用玉礼敬天地鬼神。一切优秀的人物形象、德行，均以玉来形容，玉也是最高的审美标准。例如瓷，瓷器在许多场合也被视为中国的象征，然而瓷之品味其实就是仿拟玉的。陆羽《茶经》曾评论邢瓷越瓷之优劣，第一条就说"邢瓷类银，越瓷类玉，邢不如越一也"，可见一斑。故玉与酒、饮食文化，和丝茶一样，都是最能体现中国文化特质，足以为中国之象征的。

中华书局出版的这一系列书，据主事者言，除讲这几件事外，亦延及服饰、瓷器、陶器、家具、建筑等物质小道，科举、礼仪、民俗、宗法、书法、音乐、体育、天文等精神诸端也在筹划之列。凡此种种，非经国之大业、儒道佛之妙义，然而中国文化之精要，正藏于其中，值得细细体会。

玉道：
精神见于山川

目录

Chinese Jade Culture

艺道：
他山之石，可以攻玉

文道：
君子比德于玉

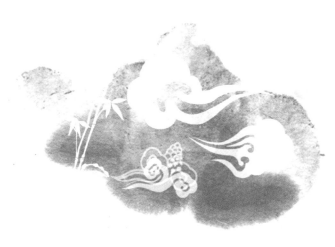

玉道：精神见于山川

中国玉器八千年经久不衰，发展成为具有民族特色的中国艺术，其主要原因之一，是中国人将玉德比为人的道德品行，将玉人格化，以此作为评价、判别一个人的行为善恶、品德高低的标准。

传统辨玉方法

在中国古代文化艺术的百花园中，玉器的历史之长、材质之富、品质之佳、雕刻之精、形态之丰、用途之广，令其他文化艺术难以与之媲美。古今中外研究专家、收藏家、鉴赏家说玉道器各有侧重，或重玉材之美，或重形态之美，或重用途之妙，或重雕刻技艺及玉德含义，形成了辨玉方法、玉器称呼的多样化，以玉单称有之，以玉宝合称有之，以玉器并称有之。

以德辨玉重伦理

中国玉器八千年经久不衰，发展为具有民族特色的中国艺术。中国人将玉德比拟人的道德品行，将玉人格化，以此作为评价、判断一个人行为善恶、品德高低的标准。能将玉从石头中分辨出来，是普通的平民工匠；而能将玉从理论上加以道德阐述的，则是儒家学者，玉德一直影响着中国玉器数千年的发展。玉不隐所短，表里如一，象征人光明磊落；玉绚丽俏美，象征人追求美好生活；玉数千年不朽，象征人有坚定的信念、理想和目标。总之，人的意志、品行，均可用玉来比喻。

最早从理论上对玉加以德性阐述的应推东周时期的孔子。《礼记》中子贡问于孔子的一段话，记载了孔子论述玉十一德性的理论：

子贡问于孔子曰："敢问君子贵玉而贱珉者，何也？为玉之寡而珉多欤？"孔子曰："非为珉之多故贱之也，玉之寡故贵之也。夫昔者君子比德于玉焉：温润而泽，仁也；缜密以栗，知也；廉而不刿，义也；垂之如坠，礼也；叩之其声清越以长，其终诎然，乐也；瑕不掩瑜、瑜不掩瑕，忠也；孚尹旁达，信也；气如白虹，天也；精神见于山川，地也；圭璋特达，德也；天下莫不贵者，道也。诗云：'言念君子，温其如玉。'故君子贵之也。"

从这段文字和《诗经》等早期文学作品看，早在孔子之前，就有君子比德于玉的风尚，从近年考古出土的大量组玉佩等玉器资料观察，至迟在商周时期，玉德观念已经形成。孔子审时度势，总结当时诸侯国贵族用玉的实际情形，把握玉的特性，将其上升为士大夫的道德规范，提出了"君子比德于玉"、"瑕不掩瑜，瑜不掩瑕"、"精神见于山川"等君子贵玉思想，将玉的特性归纳为仁、知、义、礼、乐、忠、信、天、地、德、道十一德性，实际上是儒家道德规范大全。

至东汉时期，许慎在编著《说文解字》时，对东周时期诸家的玉德学说作出了精辟的概括和科学的解释，将玉归纳为五德："玉，石之美者，有五德，润泽而温，仁之方也；角思理自外，可以知中，义之方也；其声舒扬，专以远闻，智之方也；不挠而折，勇之方也；锐廉而不忮，洁之方也。"许慎概括的玉之"五德"，实际上指的是玉的色泽、纹理、质地、硬度、韧性五个特性。

玉的十一德、五德观念，还反映在汉语词汇中，玉立、玉折、玉碎、玉言等词语，都以玉的特性比喻人的德行涵养。"君子无故，玉不去身"，佩玉成为士大夫有道德、有修养的表征。

那么，玉德究竟指的是什么？地质学家章鸿钊在《石雅》一书中说："古人辨玉，首德而次符。"儒家的玉德观念、辨玉标准是从玉的自然属性上升到儒家行为规范的道德观念、道德标准。"德"实际指的是玉的质地及品性，"符"指的是玉的色泽。"首德次符"，就是辨玉时把玉质放在第一位，其次才是玉的色泽；而"首符次德"，则是指识玉时色泽比质地更重要。

以色辨玉重美感

在科学技术不发达的古代，从石头中将美玉分辨出来，确实是一件不容易的事，只能凭据经验，以直觉、直观为基础，以多数人的喜好为依据。玉之美最直观的呈现，是玉石五彩缤纷色泽的外观，所以，玉色的艳淡就成为辨别玉石优劣的重要标准。

《石雅》中指出："古人辨石，所重在色而不在质。其色相似者，其名恒相袭。"同时又说："每遇宝石，辄以色别。"以色辨玉宝石，成为玉宝石分类、分级的重要依据。至今矿物学界、工艺界，仍使用红宝石、绿宝石、蓝宝石、白玉、黄玉、青玉、碧玉、墨玉、银晶、茶晶等名称，这就是以色辨玉识宝。

鉴赏家也十分重视玉的色泽，按照色泽对玉进行分类定名，曾有玉"十三彩"的说法，还有玉之"九原色"之说，有元（玄）如澄水的璺，有蓝如靛沫的碧，亦有绿如翠羽的瓐、黄如蒸栗的玵、赤如丹砂的琼、白如割肪的瑳等，这些均是以色定玉名。

从玉色上也能分辨出玉石的优劣。《古玩指南》的作者赵汝珍在综述前人玉色理论的基础上，指出玉以白色为上，白如酥的玉最珍贵。黄玉和碧玉亦贵，黄玉如新剥熟栗色者为贵，谓之"甘黄玉"；碧玉，其色深青如蓝靛者为贵，王心瑶在《玉纪补》中说："碧玉中每有黑星又有非青非绿如败菜叶者，谓之菜玉，玉之最下品也。"在清代，玉宝石白者以羊脂玉为尊，绿者以翡翠为贵，红者以红珊瑚为美，蓝者以青金石为佳。这是以色泽划分玉宝石的等级。

在古代，不同色泽的玉琢成不同的玉器，有不同的用途。《周礼》载："以玉作六器，以礼天地四方，以苍璧礼天，以黄琮礼地，以青圭礼东方，以赤璋礼南方，以白琥礼西方，以玄璜礼北方。"清代《会典图考》也载："皇帝朝珠杂饰，惟天坛用青金石，地坛用蜜珀，日坛用珊瑚，月坛用绿松石。"上述所载都是选择与天地、日月、东西南北色泽相近的玉石，用以祭祀与佩戴。

以质辨玉重价值

大自然中玉宝石硬度、色泽、透明度与光泽度的不同，均与材质有关。由于材质的不同，玉宝石的价格亦有天渊之别。以科学方法从材质上对玉宝石进行辨别，则是近一两百年的事。自 1863 年法国矿物学家德穆尔对来自中国的玉器进行了矿物学分析以来，地质学家一直注重对玉石质地的分析与研究，取得了大量的研究成果，不仅搞清了玉石的种类与特性，而且还基本摸清了主要玉器的原料产地，同时对一些重要玉石的开采使用情况也有了一定了解。

新石器时代的玉器制作，大部分就地取材。红山文化玉器广泛使用岫岩玉，良渚文化玉器主要取材于江苏茅山山脉及浙江天目山脉，目前已经在江苏溧阳市小梅岭等地发现的透闪石软玉矿，其矿物结构、矿物成分与良渚文化玉器几乎完全一致。

新疆和田玉在新石器时代已被利用，商代可能已经形成规模采掘。1976 年河南安阳殷墟妇好墓出土的怪玉鸟、玉羊头经矿物学鉴定为和田羊脂白玉。先秦时期关于玉德的儒家学说，都是以和田玉为依据的，这从另一侧面反映了和田玉在当时已相当流行。秦汉以后，新疆和田玉成为中国玉雕工艺的主要材料，成为皇室玉雕业的当家玉。

在大量使用和田玉的同时，一些交通环境比较便利的玉矿已经开始

河南出土西周虢国玉鸟佩

采掘，最迟至汉代，陕西西安的蓝田玉、河南南阳的独山玉陆续采掘使用，逐步形成规模生产。清中叶以后，由于清宫后妃们的钟爱，缅甸翡翠大量输入中国，成为中国首饰工艺的常用玉，经久不衰，风靡至今。

玉料根据其来源及形态，可分为山料、山流水料、籽料等。

山料也称山玉，是指没有离开原来的形成环境的原生玉矿石。山料一般形体较大，目前世界上最大的山料玉体，1996 年发现于辽宁省岫岩满族自治县瓦沟山半山坡。巨型玉体酷似一座小山，重约 6 万吨，最大直径达 30 米，30 个人手拉手才能将其环绕。山料由于体量较大，适合做大件玉雕，清代扬州的一些巨型玉山子，如现藏北京故宫博物院的清代《大禹治水图》，是用新疆和田地区的山料玉雕刻的。

山流水玉料，也称为水料，指由于某种自然或人为因素经过搬动离开原生矿体的玉料，距原生玉矿不远。其特点是块体较大，多棱角，表面较光滑。山流水玉由于兼有山料体量较大的特点，同时又具备籽料滋润的特点，所以是玉雕行业中的主打玉料。

籽料，是指原生玉石经剥蚀、冲刷、搬运到水沟中的玉石精华。其特点是块体较小，常为卵圆形，表面光滑，质量上乘，是雕刻小摆件、挂件玉器的好玉料，价格不菲。

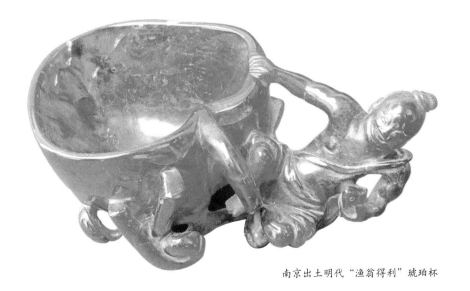

南京出土明代"渔翁得利"琥珀杯

以器辨玉重用途

古有"玉不琢,不成器"的哲理名言,但相沿成俗的习惯,是器玉同称。一个"玉"字,包含了玉石与玉器两个方面的概念。玉石是未经雕琢的原材,玉器是已经琢磨成型的器物。材与器其实是两个不能相提并论的概念,但古今常同论。《礼记》云:"大圭不琢,美其质也。"器玉同称,实际上是由玉的特性决定的,玉之美,在其质,由其质,这与陶瓷艺术重器型、重装饰迥然有别。在玉器之美中,材质美是基础,有了材质美,才有造型美、纹饰美、工艺美,特定的玉器还具人文美。一件玉器,若用次材琢磨,即使琢工最好,也称不上是良玉。若是名贵玉材,即使雕工欠佳,仍不失为一件宝器。春秋时期卞和献璞于楚王的故事,强调的就是玉的材质美,并由玉的材质美引申为人的心灵美。今人秉承古人传统,亦器玉同称。

内蒙古出土红山文化玉龙

汉字中亦有不少玉器名,如璜、瑗、环、璧、琥、玦、玺、琀、珥、琮等,器名前不加"玉",仅用斜"玉"偏旁,以示是用玉琢磨的器物。

进入 20 世纪后,西方考古学传入中国,中外考古学家以地层学、器物类型学为基本方法来研究中国古玉,其重点是研究玉器在政治、宗教、礼仪方面的功能,尤其对"六瑞"、"六器"的形成及其在政治、宗教生活中的作用,有透彻的分析。吴大澂的《古玉图考》、郭宝钧的《古玉新诠》及美国学者劳佛的《中国玉器的考古学及宗教研究》等古玉研究专著,是以器辨玉的代表作。

陕西出土西汉兽面纹四灵玉铺首

近二三十年,中国考古学取得了举世瞩目的成就,玉器考古成绩辉煌,在考定玉器用途方面也有令人满意的成果。良渚文化大量玉琮的发现,不仅把玉琮出现的时间从周汉时期向前推到新石器时代,还纠正了对玉琮陈置的传统错误观点,确认了正确的陈置方法,应是小头在上大头在下,同时确认早期玉琮既用于祭祀,也用于敛尸。

东北红山文化众多玉龙的发现,把中国龙的诞生时间提前到距今六千年前，同时还为商代玉龙找到了"娘家"。透闪石岫岩玉矿的发现，更能清楚地表明，红山文化玉龙的用料来自当地周围地区。

两汉时期完整玉衣的出土，揭示了《史记》《汉书》中记载的"玉柙"的真面貌，同时还证实史书上记载玉衣有金缕、银缕、铜缕之分的可靠性。广州南越王墓出土的丝缕玉衣，表明汉代还有用丝线编穿玉衣的，可补文献之阙如。

宝玉同称显价值

中国传统辨玉的另一重要特征，是宝玉同称。著名作家端木蕻良曾说过，"宝"字是"玉"和"家"的合字，表示"玉"被私有而显示出它那不可替代的价值。从社会文化史的角度观察，玉具有较高的经济价值和审美价值，故自古以来皆属货宝行列，富贵人家争相把玉当作聚财富、耀门第的一种珍宝，不仅是文玩，也是一项有益的投资，可以说是"保值储藏"、"潜力股"、"绩优股"。从材料方面考察，传统上亦是宝玉同称。国人视玉为宝，宝中之物主要是玉。有趣的是，今日矿物学上的玉宝石，诸如绿松石、玛瑙、水晶、琥珀等，在古代常被列入似玉、次玉的行列。这是因为在中国古代的儒家学说中，始终以和田玉为尊、为正宗，就连乾隆皇帝对新疆和田玉也推崇备至。有一些玉宝石，从今日宝石学的角度看，价值确实超过和田玉，但在古代却始终被认为档次略低。

宝石并非全指玉，但玉被称为宝石是名副其实的。在中国传统文化中，无论是政治、礼仪、宗教，还是饮食起居、劳作休闲的日常生活，玉都有特殊的身价，其他珠宝无法取而代之。

综上所述，国人有诸多辨玉方法，各有特色，归纳起来，儒家学者以德辨玉，鉴赏家以色辨玉，地质学家以质辨玉，考古学家以器辨玉，而珠宝界、工艺界则宝玉同称。时代在进步，科学在发展，玉器资料也日益增多，认识传统的辨玉方法，是为了更好地古为今用，秉承国粹。

今天我们品玉、玩玉、藏玉、习玉，应从玉的德、色、质、器等方面综合辨别，才能真正领略中国玉器世界的神奇风采。

矿物学上的玉

中国文化史表明，中国玉器辨别方法是多样的，因而辨玉标准也是不尽相同的。由于近一两百年地质矿物学的发展，我们在科学上对玉石有了更为深入的了解。科学的进步应该更有利于我们对古玉的认识。事实上，目前由于地质学与考古学各自的研究角度不同，着眼点不同，在辨玉时出现了更多的混淆，各说各的理，各弹各的调。因此，有必要在这里说明现代矿物学关于玉的定义。

软玉与硬玉

北京故宫博物院藏
清代硬玉（翡翠）盘

国际矿物学界对中国玉的了解，缘于一场不幸的、非人道的、野蛮的战争。1860 年，第二次鸦片战争期间，英法联军侵入北京，将圆明园内的珍宝抢劫一空，然后将这座享有"万园之园"美称的皇家花园付之一炬，以掩盖其掠夺罪行。在被劫的大量中国珍宝中，有相当数量的皇家玉器。法国矿物学家德穆尔于 1863 年对来自圆明园的玉器进行了矿物学分析，首次从矿物学上揭示了中国玉器的硬度、密度、光度、结构等物理性质、化学成分等。据德穆尔见到的玉器标本分析，中国玉器主要有软玉、硬玉两种。所谓软玉，实际上是新疆和田玉；所谓硬玉，实际上是缅甸翡翠。德穆尔还列出了软玉的化学分子式。软玉的矿物成分为角闪石类，矿物结构以纤维状为主要特征。纤维的排列形式有平行状、交错杂乱状，或呈丛簇形、扇形。德穆尔分析的硬玉，矿物成分为钠铝硅酸盐，属辉石类。德穆尔据实验结果将以新疆和田玉为代表的角闪石玉称为"软玉"，英文写作"nephrite"；将缅甸翡翠称为"硬玉"，英文写作"jadeite"。这里说的软玉，并非指硬度小的玉石，而是专指由透闪石、阳起石类矿物组成的玉石，当然硬度也略低于硬玉。鉴于用软、硬玉区别角闪石玉、辉石玉并不科学，现在有些学者主张，将"软玉"改称为"闪玉"，将"硬玉"改称为"辉玉"，但学术界目前还没有达成共识。无论如何，德穆尔之后，国际矿物学界对中国玉的认识不再停留在经验感官上了，逐步进入了科学分析时代。

闪石玉

随着近代地质学的发展，尤其是矿物学的发展，玉石研究越来越深入，已能勾划出中国软玉发展的一个大致轮廓。

中国历史上从无"软玉"的名称。对玉的定名，多数"以符定名"，即以玉所呈现的原色决定玉的名称，不像目前地质矿物学中习惯以玉的产地来命名玉石。所以我们在古文献中，常见到的是白玉、青白玉、青玉、碧玉、墨玉、黄玉、糖玉等称呼。古玩学者刘大同在《古玉辨》中说"玉器有新旧之分，色有九种之别"。目前工艺界还沿用"以符辨玉"的传统，但在学术界，已经习惯以质地、产地来命名玉石，这样更为科学，更能反映出玉石的本质。

旅顺博物馆藏清代软玉炉

苏州博物馆藏清代软玉牛

现在大家认为软玉的名称并不确切，其实主要是因为软玉不软，质地还是很硬，一般软玉的莫氏硬度都在五度以上，有的达到六度左右。好在现在约定俗成，大家知道软玉是由闪石矿物形成的特殊集合体，也就是说凡是由闪石类矿物形成的玉即为软玉。闪石类矿物有透闪石、阳起石、铁闪石、镁闪石以及普通角闪石、钠闪石等许多品种。最常见的软玉是透闪石，也有少量的阳起石。透闪石无色，化学成分中不含铁，或者含铁量很少。当透闪石成分中的含铁量超过 4%，则过渡为阳起石。阳起石因矿物中含铁，呈现绿色或暗绿色。总之，中国玉主要是闪石类矿物，以透闪石为主。

昆仑玉的历史与现状

昆仑玉，是指昆仑山所产之玉，有着美丽的传说。

昆仑玉之所以具有一种神秘色彩，既有玉料的因缘，也有碾琢工艺、使用功能的因素，但最重要的还是与昆仑出美玉的传说有关。历史上将昆仑玉视为神物，可以趋利避害，逢凶化吉，食之成仙，裹尸不腐，多少与昆仑玉的神秘色彩、美丽传说有关。

昆玉传说

昆仑山是亚洲中部大山系，也是中国西北部山系的主干，西起帕米尔高原东部，横贯新疆、西藏，向东延伸至青海境内，全长约 2500 公里，主要山峰高度都在海拔四五千米以上，成为古代中国和西部诸国之间的天然屏障，被古代中国人认为是世界的边缘。

山不在高，有仙则灵。昆仑山不但高峻巍峨，自然景观壮美神奇，而且是中国古代神话中的神山，在我国历史上有"万山之祖"、"第一神山"的美誉，道教奉之为神仙所居的仙山。相传，昆仑山的仙主是西王母，居住在仙境"瑶池"。《西游记》、《封神演义》等古代中国名著中的故事，或多或少都与昆仑山有关。因此，昆仑山是产生中华民族神话传说的摇篮，人们冠之以"帝之下都，百神之所在"的美誉。唐代大诗人李白曾作"若非群玉山头见，会向瑶台月下逢"的诗句。

绚丽无比的中国早期玉器与巍巍昆仑联系在一起，在古代文献中早有记载，《穆天子传》载周穆王西征至昆仑山，"穆王八骏渡赤水，昆仑瑶池会王母"，并"攻其玉石，取玉版三乘，载玉万只"。《山海经》载昆仑山满山是玉，居住在此的各路神仙琢成玉井，砌成玉台，筑成玉楼……《史记》载昆仑山"其山多玉石"，《千字文》也说"玉出昆岗"。所以，昆仑山出产美玉，这是一个不争的事实，并受到广泛重视。

西昆仑玉料

传说是故事，故事成事实，传说就更神奇了。周穆王上昆仑山会西王母仅是传说而已，但周穆王到昆仑山获得大量玉材的可能性极大。一方面因为昆仑山周围地区满地是玉石；另一方面，考古发掘出土的大量西周玉器，相当一部分使用昆仑玉琢磨。汉以前最便于获取昆仑玉的地方，就是大名鼎鼎的于阗国。

考察中国历史上大量使用的和田玉，主要来自昆仑山的"两河流域"，一条是玉龙喀什河，出产品质极佳的白玉，所以也称白玉河；另一条是喀拉喀什河，出产墨玉、青玉，也称青玉河。河内所产之玉为次生玉，原生玉矿在两河中、上游流域的昆仑山主脉一带。在以行政都城于阗、和阗、和田命名西域美玉之前，昆仑玉早已闻名遐迩，深深根植于中华民族文化之中，并被赋予神秘的色彩。

北京故宫博物院藏
清代"大禹治水"西昆仑玉山子
（局部）

据现代科学考察，昆仑玉是在特定的地壳运动中形成的一种优质矿物体。喜马拉雅造山运动的板块活动之剧烈是世界上独一无二的，昆仑山与喜马拉雅山交汇处是两大地质板块交汇点。不断的运动和撞击，在板块间巨大的挤压力量和地底岩浆的共同作用下，一种神奇美妙、独一无二的昆仑玉石矿物结构就形成了。由于矿物成分和形成过程的不同，昆仑玉的品质也各不相同。

昆仑多玉

昆仑多美玉，不再是传说，而是不争的事实。据历史资料及当下玉矿开采情况来看，昆仑玉有西昆仑玉、东昆仑玉、南昆仑玉之分。

西昆仑玉，即为和田玉。乾隆诗文中多次提到"西昆出玉"。作于1772年的乾隆御制诗《咏痕都斯坦玉碗》载："西昆率产玉，良匠出痕都。"和田是因昆仑玉的采集、集散、交易而闻名天下，流经和田的两条河本不产玉，河中之玉是随着昆仑山山势和河流走向，逐渐沉积在河底的。因此，和田玉为次生玉，其原产地在昆仑山，所以确切地说，和田玉应叫"昆仑玉"，是昆仑玉的一部分。又因和田玉产于昆仑山的西段，也可称"西昆仑玉"。

西昆仑玉，除和田外在昆仑山西段，还有许多产地，主要产于昆仑山麓的山料，可分为和田——于田矿区、莎车——塔什库尔干矿区、且末矿区。

东昆仑玉，即为当下习称的"青海玉"、"青海料"，因产自昆仑山脉东段入青海省部分，故名。东昆仑玉与和田玉同处于一个成矿带上，两者直线距离约三百公里。东昆仑玉质地较为细润，透明度较高，可分为青海糖玉、青海青白玉、青海烟青玉、青海黄玉、青海翠青等类型。东昆仑玉以晶莹圆润、纯洁无暇、无裂纹、无杂质者为上品。东昆仑玉与西昆仑玉的化学成分、性状、结构等特征基本相同，只是在产出特征上略有区别，东昆仑玉主要是山料，西昆仑玉除山料外，还有大量的籽料。籽料是西昆仑玉中最好的玉料。

南昆仑玉，就是历史上通称的痕都斯坦玉，因主要产地位于昆仑山南麓，故称南昆仑玉。

痕都斯坦为Hindustan的译音，1768年由清高宗乾隆皇帝亲自考定，其确切地理位置一直存在争议。现在专家普遍认为，不同历史时期，痕都斯坦所指地理位置不完全一致，前后有所变化。18世纪痕都斯坦位于

旧金山亚洲艺术博物馆藏
清代南昆仑玉双联盒

印度北部，包括克什米尔及巴基斯坦部分地区，位于昆仑山南部，与新疆、西藏接壤，与大清帝国为邻。痕都斯坦玉是昆仑玉的一部分，18世纪曾开采、琢制了大量别具一格的痕都斯坦玉。近年又有人在这一地区进行玉矿调查，开采玉矿，并设计、生产了大量具有时代气息的新痕都斯坦玉，在继承了传统痕都斯坦玉器风格后融入了新的时尚艺术元素，成为玉器家族中的新品种。

痕都斯坦玉因产于昆仑山脉，玉材特征与和田玉有许多相同或相似的地方。玉材多见青玉，亦有白玉出产，玉质细密、温泽，在透明与半透明之间，光硬度俱佳，能与新疆和田玉媲美。这些也许是它受到清朝历代皇帝青睐的原因所在，也是它的艺术风格和精妙之处所在。

和田玉闻名的历史真相

和田玉产于昆仑山，是昆仑玉的一部分，在不同的历史时期有于阗玉、和阗玉、和田玉等不同的称呼。

于阗玉是和田玉古名，是指于阗国出产的美玉。古于阗国，位于今新疆和田市境内，是汉唐时期"丝绸之路"南路上最重要的古国，意为"产玉石的地方"。宋以后于阗国名虽有多次变动，但中原人士还是将其称为于阗。元、明时期于阗还向内地朝贡美玉。《汉书》载："于阗之水……河源出焉，多玉石。"明宋应星《天工开物》载："凡玉入中国，贵重用者尽出于阗。"

和阗玉，是清代对和田玉的称呼。清代称"于阗"为"和阗"，于是"于阗玉"也称"和阗玉"。作于1793年的乾隆御制诗《咏痕都斯坦所制玉盂》云："和阗产良玉，追琢乏工为，却赖痕都制，有过茂苑奇……"

和田玉，是于阗玉、和阗玉的今名。1959年国家将"和阗"更名为"和田"，其地产玉因地名更改，也改称为"和田玉"，从此，"和田玉"一称一直延用至今。

那么，产于"万山之祖"昆仑山的和田玉，为何名声越来越大，品质越来越受欢迎，价格越来越贵？这是有原因的。

玉中之王

玉材命名，多依产地，我国目前有明确产地的玉材有和田玉、岫岩玉、蓝田玉、酒泉玉、独山玉、花莲玉等，带有"大地理"概念性质的还有昆仑玉、青海玉、俄罗斯玉等。这些玉矿物性质基本接近，所以矿物学上通称为闪石玉，包括透闪石、阳起石、铁闪石、镁闪石等，以透闪石为主，所以也称透闪石玉，有别于在中国称为翡翠的辉石玉。

尽管都是闪石玉，但质地有优劣贵贱之分。在众多中国闪石玉中，和田玉具有独特的材质优势，矿物颗粒度小，杂质少，韧度大，密度高，明显优于其他闪石类玉。和田玉具有独特的工艺特性，较高的透明度，较佳的滋润感，明显好于其他闪石类玉。尤其是和田玉中的上品玉——羊脂白玉，透闪石含量99%以上，几乎是"纯玉"，质地细腻，品质极佳，润如截脂。因此，羊脂白玉也称为"白玉之冠"、"软玉之王"，是和田特产。其他地区虽也产白玉，但品质无法与和田白玉比，更不产羊脂白玉。

由于卓尔不群的品质与特性，和田玉成为琢玉行业的首选用材。在中国玉器宝库中，凡是重要的大玉、礼玉、贵玉，几乎都是用和田玉琢制的。一部和田玉史，也是一部中国玉文化史，和田玉琢成了博大精深的中国玉文化，成为当之无愧的"玉中之王"。

中外帝王莫不爱金银珠宝，中国帝王更爱宝玉。这既是帝王个人的喜好，也是文化传承、礼制建设的需要。

考古研究表明，殷商帝王贵族已大量使用和田玉作为礼仪玉器。从此，历代帝王个人所用、宫内礼仪所需以及内府所藏之玉，均以和田玉为主，和田玉成了名副其实的"帝王玉"。宋徽宗赵佶、清高宗乾隆，是中国历史上两位好玉如痴的帝王代表，集使用、收藏、研究玉器的爱好于一身。

北京出土清代和田白玉心形佩　　　　　陕西出土唐代和田白玉八曲杯

　　和田玉深受历代帝王厚爱，实因和田玉是帝王身份的象征。帝王是"真龙天子"，自然要用天下奇器珍宝，只有这样才能与其高贵身份相称。所以，帝王服饰用玉，如玉冠、玉带板等，多用和田玉琢磨。帝王御览、御批、下御旨使用的玺印，帝王行大礼使用的玉圭、玉磬等，也多用和田玉碾琢，和田玉成了帝王权威的象征。

文化使者

　　皇家琢玉，首选和田玉，其他玉则视为珉玉、次玉、菜玉、类玉。琢玉大师，如明代陆子刚，也非和田玉不琢。优质玉料，是琢磨优良玉器的基础与前提。中国历史上留传下来的不少著名玉雕作品，都是用和田玉雕琢的。

　　古代如此，现代更如此。由于和田玉是不可再生的稀有资源，加上开采难度大，需求旺盛，和田玉越来越抢手，供不应求，价格扶摇直上，优质和田玉市值大大高于其他玉材。和田玉价高的背后，不是人为在操作、起哄，而是市场的供求关系在引导，是品牌在起作用。由于和田玉的价格昂贵，所以假冒伪劣者层出不穷，他们用一些貌似和田玉却达不到和田玉品质标准的玉材冒充和田玉，这更说明和田玉作为品牌玉的无穷潜力。好材出好器。用和田玉雕成的玉器，就是不同凡响，就是出类拔萃，就是招人喜爱。和田玉器，成了中国玉器的品牌。

和田玉具有举足轻重、无可替代的地位，中国玉文化辉煌灿烂的历史，绝大部分是由和田玉谱写的。国家稳定，经济发展，文艺昌盛，和田玉交易就活跃，琢玉业就繁荣。历史上春秋战国、汉唐时期，以及清初康乾盛世，都是中国玉文化发达的时期。新中国经过六十多年的建设，三十多年的改革开放，国力强盛，人民富裕，和田玉文化又活跃起来，成了经济发展的象征，文化繁荣的标志。反之，国家动荡，经济凋敝，文化衰退，和田玉业就萎缩。和田玉成了中华民族、华夏文化兴衰存亡的晴雨表。

陕西出土西汉仙人骑天马玉雕

中国是个多民族的国家，生活在神州大地的各族人民共同创造了多姿多彩的华夏文化。玉器作为华夏文化的重要组成部分，是由华夏各族人民共同培育和发展起来的。和田自古以来就是多民族聚居的地方，同时又是中西文化交流的枢纽之地。考古材料显示，和田地区早在新石器时代就有人类生息、繁衍，发展至汉代，成为西域重镇，经济文化得到较大发展，与中原交往密切。汉张骞出使西域，途径于阗国，亲眼目睹于阗的繁荣景象。张骞出使乌孙时，也曾派遣副使出使于阗。隋代裴矩来往于中原与西域之间，撰成《西域图记》一书，将从敦煌出发至西域的道路分为北道、中道、南道，于阗在南道上。汉唐时期，于阗是西域的佛教中心，是名副其实的"佛国"，许多著名高僧，如晋时法显、唐时玄奘都曾涉足于阗。直至公元11世纪，伊斯兰教势力东进，从此于阗成为伊斯兰教的天下。明代、清初于阗为叶尔羌汗国，主要输出玉石，当时除河中捞玉外，还开山取玉。和田玉源源不断输入内地，为中国玉文化的持续繁荣提供了充分的物质基础。

生命强盛的宗教文化、魅力无穷的昆仑玉石通过和田与中原架起的"丝绸之路"、"昆玉之路"、"文化之路"得到广泛传播。这条路也成为汉族与西域各族人民的"团结之路"，是多民族国家的"统一之路"。

据交通考古研究，和田玉在大量东渐进入中原及其周围广大地区的同时，随着中西交通的繁荣，也输入中亚西亚一带。这一地区已有许多遗址出土了和田玉玉器，当然工艺比较简单。

国外许多著名的博物馆和大学都收藏中国玉器，视中国玉器为重要藏品。除少数先秦时期的玉器非和田玉外，其他时代的玉器，几乎都是和田玉。比利时皇家历史艺术博物馆、美国哈佛大学福格博物馆、旧金山亚洲艺术博物馆所收藏的精美的东周玉器，基本都是和田玉的产品。笔者所见纽约大都会博物馆、大英博物馆、斯坦福大学博物馆等珍藏的中国玉器、印度玉器，玉料基本都来自昆仑山。笔者所睹圣彼得堡艾尔米塔什（冬宫）展出的中国清代玉器，全部是用和田玉雕刻的。国外厚爱和田玉器，实际上也是秉承了中国传统"首德次符"的评玉、品玉标准。在西方学者眼里，质地是玉器美的关键，一件文化内涵深厚、艺术品位高雅的玉器，质地一定是优美的。古玉如此，新玉也如此。国外艺术商人还喜欢经销和田玉雕，尽管价格不菲。和田玉成为传播中国文化的"使者"。

在探讨和田玉的历史地位和文化底蕴时，我们绝不是低估、诋毁其他玉石的重要作用，但在中国八千年的玉文化历史长河中，绝对找不出第二个与和田玉一样历史悠久、文化深厚、魅力无穷、影响深远的玉种。

岫岩玉的本质

中华玉文化是多源、多元、多彩的。

多源、多元、多彩的中华玉文化，必定要有多样的玉料支撑。以新疆和田玉为主的昆仑玉系，其价值已被人们所熟悉，其品质已被人们所喜爱，誉满天下。而在中华玉文化开天辟地、发扬光大的过程中发挥过重要作用的岫岩玉，其历史价值、文化价值、学术价值还有待进一步认识。

古玉新识

　　岫岩玉因产于辽宁省"八山半水一分田，半分道路和庄园"的岫岩县而得名。

　　岫岩之名始于明代，因处于沿海地带，战略地位重要，明洪武八年（1375年），置岫岩堡。在明代以前，岫岩称为"秀岩"，"岫岩玉"之名是在明代以后才见诸文献的。

　　据文献记载，汉代以前长白山山脉出产的玉，称为"夷玉"、"珣玗琪"。《尚书·顾命》中记载周王朝使用的玉有"越玉"、"大玉"、"夷玉"等多种。汉郑玄云："夷玉，东方之珣玗琪也。"汉许慎所著《说文解字》云："珣，医无闾珣玗琪，《周书》所谓夷玉也。"《尔雅·释地》载："东方之美者，有医无闾之珣玗琪焉。"晋郭璞注："医无闾，山名，今在辽东。珣玗琪，玉属。"上述记载表明，古文献中"夷玉"、"玗琪"，不一定完全指的是岫岩玉，但肯定包括岫岩玉，因为在东北地区，只有岫岩玉才能与"越玉"、"大玉"相媲美，才能与周王朝倡导的玉德相吻合。

　　进入清代，岫岩行政建制进一步明确，先后设置岫岩厅、岫岩州、岫岩县。当地玉矿开发利用的情况，地方志上开始有所记载。从中可以看出岫岩玉的开采、加工、销售已有一定的规模，岫岩玉成为人们喜爱的宝物。《咸丰七年岫岩志略》载："好古之家，以其品非燕石而价不待连城也，每雅意购求。往来士夫，亦必充中盈箧，争出新式，分赠知交，以为琼瑶之报。玉工数十辈列肆而居，日夜琢磨恐不给。"

　　岫岩玉第一次大规模采掘与琢磨，始于20世纪八九十年代。由于当时海外对红山文化、良渚文化等时期的高古玉器需求量大

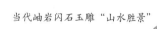

当代岫岩闪石玉雕"山水胜景"

增,用岫岩玉琢磨了大量仿古玉、假古玉。由于岫岩玉具有丰富的黄绿色、糖色、深色皮壳、自然过渡色,十分适合做玉器的仿古件,有的让人真假难辨。当时人们多将岫岩玉称为黄料或老黄玉,业内人都知道黄料或老黄玉产于辽宁岫岩。还有大量的岫岩蛇纹石玉,由于硬度不高,加上光泽好透明度高,大量用于陈设玉、日用玉的生产,作为普通玉雕工艺品充盈于市,并作为外贸商品出口创汇。

辽宁出土红山文化玉凤

主要种类

在玉器工艺界、收藏界,大部分人以为岫岩玉就是蛇纹石玉,或岫岩玉等于老黄玉、河磨料。其实,岫岩玉的种类远不止这些。

按矿物分类,岫岩玉主要由蛇纹石玉、闪石玉两大类构成。

岫岩所产的蛇纹石玉,在全国所产同类玉中质量最好,储量最多,知名度最高,通称岫玉。岫玉色泽透明,光洁明亮,杂质较少,但硬度较低。

闪石玉,就是大家以往惯称的"真玉"、"软玉"。岫岩闪石玉绝大部分由透闪石组成,所以也可称岫岩透闪石玉。岫岩透闪石玉光洁细腻,透明晶莹,色泽艳丽,硬度较高,除颜色外,品质与和田玉无异。现在俗称的岫岩河磨料、老玉、黄料,基本上都是透闪石玉,是高品质的岫岩玉。

内蒙古巴林右旗出产的璞玉

依形态特征分类,岫岩透闪石玉可分为山料、水料、璞料三类。

(1)山料。山料是指从岫岩细玉沟顶上的原生矿采掘出来的闪石玉料,系人工放炮崩采,块度大小不一,形状各异,表面多为棱角状。

岫岩透闪石玉山料外观特征明显,不同于其他地区玉矿采掘的山料,侧面带有明显的过渡色差,多数块体的表面带有厚薄不一的白色皮壳,皮壳与玉肉间还有一圈糖玉,三色一体,层次分明,当地称为"石包玉"。据地质学家研究,这种现象的出现,是由于玉体裸露在地表,沿矿体的自然裂隙面受风化淋滤褪色所致。

（2）水料。水料是当地俗称河磨料的一种，相当于和田玉中的山流水。因主要产于岫岩细玉沟沟谷底部，长期处于沟底泥水中，不是河床清水中，故改称为"水料"。水料的原生矿位于细玉沟山顶的老玉矿，因地壳运动，脱离原生矿体，破碎后散落于细玉沟。长期水浸风化，外表带有一层很厚的皮壳，有的如石状，棱角分明，形状各异，块体一般较大，大者重达数千公斤。水料由于块体较大，不易移动，一般离原生矿较近。

（3）璞料。璞料也是当地俗称河磨料的一种，相当于和田玉中的籽玉或籽料，因大小、形状、品质略不同于水料，笔者曾称其为璞玉，为了与岫岩玉名称统一，现称其为璞料。璞料与水料一样，原生矿位于细玉沟山顶的老玉矿，因地壳运动，逐渐脱离原生矿体，破碎后散落于细玉沟。因块体较小，随着水砂冲洗的力量，逐渐远离原生矿，磨圆度相对较好，多数璞料没有棱角，多余的松散的棱角已全部脱离，去尽糟粕，留下菁华，表面形成一层油光光的皮壳，滋润可爱，为岫岩玉佳品。

玉器鉴别

岫岩玉独特的材料特性、工艺特征，为岫岩玉器的鉴别提供了重要依据。作为文物的岫岩玉，其制作年代主要集中在新石器时代和清末以后的近百年间。鉴定的重点、难点，主要在于新石器时代岫岩玉。近百年来的岫岩玉蛇纹石玉、透闪石玉作品，稍有玉器知识的读者很容易识别。

分析兴隆洼文化、红山文化、大汶口文化、龙山文化等新石器时代的岫岩玉器，主要有以下几个特点：

（1）圆润的形体。无论是新石器时代早期兴隆洼文化的玉器，还是中期红山文化、大汶口文化的玉器，晚期龙山文化的玉器；也无论是玉玦、玉璧、勾云形玉佩等玉礼器，还是玉龙、玉凤、玉蚕、玉人、玉兽面等动物形玉器，或是玉锥形器、玉钺等观念形玉器，多呈圆润状态，很少有明显的棱角。这一方面可能由于当时流行圆润的玉器，更重要的一方面是因为这些玉器多选用圆润状的璞料琢磨，随形施艺，艺尽其材，材尽其用。

（2）黄绿的色调。色彩、色素、色调是构成玉器品质的重要因素，也是区分玉料、鉴别玉器的重要方面。玉石虽然五彩缤纷，但每一种玉材都有一种主色调。比如和田玉以青白色调为主，昆仑玉以灰白色调为主，新西兰毛利玉以湖绿色调为主，水晶以无色透明为主，玛瑙以多彩纹理为主等。岫岩玉色泽特征明显，岫岩蛇纹石玉绿中泛黄，岫岩透闪石玉黄中泛油，岫岩璞料玉黄中偏绿，总体为黄绿色调。质地较为细腻，晶莹明亮，呈油脂光泽或玻璃光泽，裂隙较少，净度较高。因此，兴隆洼文化、红山文化、大汶口文化、龙山文化中黄绿色调的玉器，为岫岩玉琢磨的可能性大。黄绿色兼有黄色的温暖和绿色的清新，亲切自然，生机勃发，是生命延续、文化传承、社会进步的象征。

（3）隐约的皮壳。用岫岩玉琢磨的玉器，除形体特征、色调特征外，还有一个重要特征，就是细部的皮壳特征。因为早期岫岩玉器，多选用块体不大的璞料琢磨，为了尽可能将材料利用率最大化，构图时一般会确定关键的点、重要的面，以点带面，以形定型，以点面来确定玉器题材。这些关键点是决定玉器形体、大小、技艺的关键，还保存在玉器上，若仔细观察不难发现。如牛河梁遗址出土的玉凤，凤首、凤尾、凤背等部位还保留岫岩玉的皮壳，尾部较厚，不仅不影响整体效果，反而给人凤羽之感。又如牛河梁遗址的玉人，头部、背部、侧面都有黄褐色皮壳，或许玉人原料本不大，长宽尺寸不比玉人大多少，可以说是物尽其用了。

（4）完整的形态。尽管很多人非常注重琢磨工艺，但玉器形态绝对是鉴别玉器优劣的重要方面。玉器形态既取决于造型、工艺，也取决于埋藏或收藏环境，更取决于玉料的品质。岫岩玉器由于原材料大部分为璞料，品质较差的容易剥落的边角料已经自然脱离，留下的璞料更硬更美更完整。加上岫岩玉硬度较高，密度较大，埋藏环境好，所以岫岩玉器绝大多数具有完整的形态，由于细菌侵蚀致玉器受损的现象比较少，有的宛如新玉，这是岫岩玉的重要特征之一，有别于其他新石器时代玉器。

总之，在中国八千年的玉文化发展过程中，岫岩玉做出了无与伦比的贡献，确立了在玉石世界、玉文化史上的重要地位，不仅是中国最早的具有规范形态、清晰观念的玉器，而且还是中国最早的礼玉之一。综上所述，岫岩玉是中国最具研究价值的玉之一，最具潜力的玉之一，值得我们重新认识。

台湾宝玉风采

台湾是镶嵌在祖国东海上的一块"宝玉"，除了战略地位重要外，气候温和，资源丰富，物产丰盈，民风淳朴，是名副其实的宝岛。

宝岛自然不会缺少宝玉石，一方面是台湾本岛及其附近海域有出产宝玉石的地质条件、海洋环境；另一方面，台湾人民自古以来就一直爱好宝玉石，不断对宝玉石进行采拾、开采、使用、研究，使台湾宝玉石的性质不断被认识，价值不断被提升，市场不断被认可，逐渐成为台湾重要的文化产业。

多彩的玉石

台湾的宝玉石资源主要产于台湾东部地区及澎湖群岛，最著名的有台湾玉及台湾珊瑚。

台湾玉，因主要产于台湾东部的花莲地区，又称花莲玉。因其主要成分为透闪石，又称台湾闪玉，还称作台湾软玉，有别于辉石硬玉。

台湾玉开采使用的时间非常早，五千多年前的东部地区卑南文化就已经大量使用本地玉料。台湾台东县卑南遗址，是台湾东部新石器时代文化的典型遗址，时间在距今四五千年前。台湾考古学者曾在此进行大规模的考古发掘，获得数千件玉器标本，其中绝大多数玉器出自墓葬。

从玉质和玉器造型特征看，台湾卑南文化是一支独立发展起来的新石器时代文化，玉器的发展有别于其他新石器时代文化。这从中可以说明一个重要史实，即中国玉器文化是多源和多元的，多源和多元的新石器时代玉器，共同创造了灿烂的中华远古玉文化；对于玉的癖好，是中华各民族的共同特点；中华文化的多样性与统一性，在新石器时代就已显示出强盛的发展势头。

台湾花莲玉料

台湾玉，主要成分为纤维状结构，可磨制猫眼，又称猫眼闪玉、软玉猫眼，也称台湾猫眼。

台湾猫眼，不是宝石级猫眼，而是玉石类猫眼，价值较低。若将其当作带有特殊光学效果的闪石玉，定位比较正确，千万不要以为是价值连城的名贵宝石。

据矿物学家研究，世界上已发现的具有猫眼石特征的矿物有20多种，但矿物学界公认的真猫眼石，只有金绿猫眼石一种。

除金绿猫眼石外，还有绿宝石猫眼、拉长石猫眼、透辉石猫眼、蛇纹石猫眼、透闪石猫眼等，这些玉石虽有猫眼石效应，但品质没有一种超过金绿猫眼石的，所以也称为"类猫眼石"，或"假猫眼石"。矿物学家实验证明，许多具有纤维状构造的矿物，包括木变石、蛇纹石、透闪石、硅化石、孔雀石等，都可以磨出猫眼石的奇特效果来，台湾猫眼就属于这种情况。

绮丽的珊瑚

台湾卑南文化双人兽形玉玦

珊瑚是海生名贵宝石之一，与珍珠及琥珀被世界珠宝界并称为三大有机宝石。珊瑚因其形状千姿百态，色泽万紫千红，加上质地坚硬、光泽宜人，自古以来一直受到人们的喜爱，在中国明清时期的上层社会逐渐流行起来。北京故宫博物院、台北故宫博物院收藏有相当数量的珊瑚艺术品，绝大多数为清宫佳丽的佩戴首饰，华丽无比。

珊瑚在中国文化中归入玉宝石行列，珊瑚两字从斜"玉"偏旁，即为明证。

中国台湾海域盛产珊瑚。据台湾学者研究，全球珊瑚约有1200多种，台湾海域大约有400多种，占全球4成，而台湾表孔珊瑚和台湾蕈珊瑚更是台湾特有品种，全世界最古老、已有1200多岁的钟形微孔珊瑚也在台湾绿岛。

据海洋生物学家研究，珊瑚虫是一种海生圆筒状腔肠动物，在白色幼虫阶段便自动固定在先辈珊瑚的石灰质遗骨堆上。珊瑚是珊瑚虫分泌出的外壳。珊瑚的化学成分主要为$CaCO_3$，以微晶方解石集合体形式存在，成分中还有一定数量的有机质。形态多呈树枝状，上面有纵条纹。每个单体珊瑚横断面有同心圆状和放射状条纹。颜色常呈白色，也有少量蓝色和黑色。珊瑚形象像树枝，颜色鲜艳美丽，可以做装饰品，还有很高的药用价值。

台湾珊瑚动物作品

台湾珊瑚陈设艺术品设计雕刻水平较高，作品有自然形态型的、人工雕刻型的、多种工艺组合型的等多种。许多作品体量较大，构成复杂，超过历史上的珊瑚作品。同时，雕刻成珊瑚首饰、陈设艺术品的珊瑚，均为深海珊瑚，采集相当困难，所以价格较高，而且近年来越来越高，一两亿元人民币一件的珊瑚作品不在少数。

据宝石矿物学家研究，宝石级珊瑚为红色、粉红色、橙红色。红色是由于珊瑚在生长过程中吸收了海水中1%左右的氧化铁而形成的，深色是由于含有有机质。具有玻璃光泽至蜡状光泽，不透明至半透明，折光率1.48～1.66，硬度3.5～4。

台湾桃红珊瑚花卉作品

宝石级的红珊瑚，在中国以及印度、印第安民族传统文化中都有悠久的历史，印第安土著民族和中国藏族等游牧民族对红珊瑚更是喜爱有加，甚至把红珊瑚作为护身和祈祷"上天（帝）"保佑的寄托物。

翡翠的身世

宝中之玉是和田玉。那么，玉中之宝是什么呢？是缅甸硬玉，雅称"翡翠"。翡翠，本为鸟名。《后汉书·西南夷传》记载当地"出孔雀、翡翠"。唐代著名诗人陈子昂有诗曰"翡翠巢南海，雄雌珠树林"。翡翠在中国人的心目中，虽是玉属，却常将其视为宝石，是"中国宝石"。当今中国，翡翠是最受欢迎的玉宝石之一。在历史长河中，翡翠虽只是沧海一粟，却是中国玉文化的重要组成部分。如果说传统软玉（以新疆和田玉为代表）是中国文化的昨天，那么，翡翠就是中国玉文化的今天，并孕育着玉文化灿烂的明天。从翡翠身上，能折射出中国文化艺术的多彩性与包融性。

色质至上

尽管翡翠在中国被大量使用只有短短两百多年的时间，但大有超越五千年昆仑白玉的趋势。按矿物学标准，全世界辉石玉产地除缅甸外，还有多处，而与中国文化关系密切的，只有缅甸硬玉。缅甸硬玉的物理性质和化学成分与角闪石玉迥然有别，也胜于其他产地的辉石玉，具有极佳的工艺特性，赛似宝石，受人青睐。精美的材质、艳丽的色泽、温润的质感，构成了东方宝石——翡翠的美学特性。中国人划分翡翠的主要依据是色泽和质地，基本上是以划分软玉的经验、标准来划分翡翠。但色泽是否艳绿是重要的判断标准，也可以说是"首符次德"吧。翡翠颜色品种很多，最贵绿色。绿色翡翠中最好的莫过于玻璃艳绿，翠浓而不闷，绿艳而不妖，青翠欲滴，也就是人们常说的"高绿"。

后来居上

那么，缅甸硬玉何时传入中国，何时将缅甸硬玉称为翡翠，这还是历史之谜。目前，我们只能根据博物馆馆藏及考古出土的翡翠作些推论。

传世的翡翠实物见于明代晚期。日本出光美术馆藏的翡翠舟形笔架，曾被定为晚明作品。但由于笔架是传世之作，不能完全肯定是明代之器，从工艺特征上看，似毋庸多疑。云南省腾冲明崇祯十九年（1646年，实为清初）李老孺人墓出土的翠镯，经著名玉学研究大家杨伯达先生目鉴和地质学家邹天人先生检测，确认其为缅甸翡翠。杨伯达先生据此认为最迟至明末，缅甸翡翠已流行于云南省西部的永昌、腾冲等府州地区。

清代翡翠的使用，是在乾隆以后。乾隆爱玉如痴，但还不清楚翡翠的情况，在他的御制诗中找不到有关翡翠的诗文。但乾隆朝的一些地方官员，主要是广东、江苏、浙江一带的高官，已开始使用翡翠。

江南地区出土的清代翡翠年代较早，属清代中早期，如1970年出土于今苏州市吴江区的乾隆朝进士毕沅之墓的翡翠。在毕沅及妻妾合葬墓中，出土了较多的翡翠器，计有朝珠两盘，手镯一副，押发一件。特别是两盘翡翠朝珠，色泽温润，青翠欲滴，纯净光洁，系用同一块绝品翠料雕琢，珠大粒饱，是目前所见同类玉器中质地最佳、雕工最精者，堪称朝珠"皇后"。一座墓中有制作工艺如此精美和数量如此之多的翡翠，在清代非皇室人员中，是绝无仅有的。不仅反映出毕沅对缅甸翡翠有较高的鉴赏水平，同时也在一定程度上反映出早期翡翠在中国的传播情况。

江苏清代毕沅墓出土翡翠朝珠

清代翡翠使用范围非常有限，因为主要来自缅甸、云南，加上垄断经营，物稀价贵，平民百姓无力使用，主要为宫廷和少数地方高官使用。巨贪和珅、慈禧太后、大太监李莲英，以及清代皇族、大臣，都是翡翠消费大户。北京地区出土翡翠的墓葬年代较晚，如总理大臣荣禄墓、大太监李连英墓等，均属清代晚期。

翡赤翠青，清代翡翠重翠爱翡，注重翡翠色泽的自然美。这完全不同于当下重翠废翡，只爱一色，不知天地赋予翡翠五彩缤纷的自然之美，以致进入误区，给伪造者创造机会，以致翡翠假色、伪色、充色层出不穷，十翠九假。

清代品质较好的翠玉，一般琢成碗、挂件等玉器，色泽自然，比起碧玉更具高雅之美。

北京故宫博物院藏清代云翠牛

清代最好的翠玉，多琢成扳指、翎管、发簪、胸花等首饰，琢磨工艺并不复杂，尽展材质之美，尽现翠色之雅。

清代翡翠数量虽然不多，使用范围也不广，却是翡翠使用的开始阶段，对丰富中国首饰文化、传承中国文化，影响深远，功不可没。

云玉真翠

缅甸翡翠云南销，七彩云南只卖玉，恐怕是当下许多人对云南玉器的认识。那么云南到底产不产翡翠？历史文献和故宫所藏清代翡翠研究表明，明清时期的云南是出产翡翠的。

杨伯达先生曾通过查证清内廷《养心殿造办处各作成做活计清档》、《贡档》及清宫翡翠实物上所系的黄签、编目卡片记载，并与实物互相对证分析后认为，北京故宫博物院所藏的"云玉"、"云石"均为云南总督、巡抚及衙役常用的名称，是不同等级的翡翠别名，作为云南所产的"土贡"贡进内廷。

北京故宫博物院藏清代翠玉翎管

当时缅甸翡翠为何称作"云玉"、"云石"？主要原因是现在缅甸北部的许多地区历史上属中国管辖，包括现在产翡翠的缅甸帕敢地区雾露河（也译乌龙河）流域。雾露河流域，明代万历朝归云南永昌府管辖。清代早中期这一地区还属于中国版图，归云南治理。1900年英军入侵缅甸后，中缅北段边界重新划定，将珠宝翡翠产区勐养、勐密、勐拱、坎底、帕敢等地区划入缅甸。

由此可见，明代及清早中期翡翠，主要产于中国的云南，当地叫"云玉"、"云石"、"绿玉"在情理之中。"云玉"、"云石"，是指产于云南的翠玉或玉石，"绿玉"强调的是云玉的色泽，因为翠玉以绿色为上品。清代云南地方官吏将"云玉"作为"土贡"之一，献贡内廷。

台北故宫博物院藏清代翡翠白菜

器道：厚德载物

先贤通过礼仪玉器的使用，进行合乎规范的祭祀仪式、礼仪活动，追求天时地利人和的和谐环境，就可以积善积德；容载万物，天地最大，可以包容万物；人有深厚美德，也就能像天地一样容载万物，善待自然。

"六器"与"六瑞"

中国古代玉器宝库中有许多造型独特、形态别致、功用特殊的玉器，有的还成组、成套或配套使用，以"六器"、"六瑞"最为典型，影响也最大。

祭玉"六器"

何谓"六器"？"六器"就是中国古代的六种祭玉。

《周礼·春官宗伯》载："以玉作六器，以礼天地四方。以苍璧礼天，以黄琮礼地，以青圭礼东方，以赤璋礼南方，以白琥礼西方，以玄璜礼北方。"可见，古代"六器"是指苍璧、黄琮、青圭、赤璋、白琥、玄璜这六种。它们不仅有明确的形态，还有色泽的要求，苍、黄、青、赤、白、玄都是玉的色泽。"苍"是青蓝色、青绿色、深绿色、灰白色，色彩多样，并不纯正，多变的天空色泽，非常形象与贴切。《吕氏春秋》说"东方曰苍天"，我们常用"天苍苍"来形容天穹的苍茫与宏大。苍璧，就是使用青绿色系琢磨的玉璧。"玄"表示黑色。《周易·坤》云："天玄地黄。"玄璜，是指使用黛青、墨玉类琢磨的玉璜。

古代之所以使用"六器"祭祀天地四方，有一套说法：古代统治阶级为了讨好神明祖先，贿赂诸神，用玉献祭，把它作为沟通生灵与阴间神灵的法物。古人认为，天地及东、南、西、北四方，各方有一位神，所以要定期给他们献祭。用苍璧、黄琮、青圭、赤璋、白琥、玄璜来祭祀各方之神，是以不同的玉色配合天地四方，这和古代中国的宗教礼俗有关。如苍璧，圆，以象青天，所以礼天；黄琮，方，以象黄地，所以礼地；青圭，锐，象春物初生，所以礼东方；半圭曰璋，象夏物半枯，所以礼南方；白琥，猛，象秋之肃杀，所以礼西方；半璧曰璜，象冬令闭藏，地上无物，惟天半见，所以礼北方。

在先秦时期，型、色完全相配的祭玉，可能并没有完全实行，但以玉祭祀天地四方，是肯定实行过的。新石器时代良渚文化大量的玉璧琮，应与祭祀天地有关。

甘肃省礼县出土汉代祭祀玉圭璧

礼玉"六瑞"

何谓"六瑞"？"六瑞"就是中国古代的六种礼玉。

《周礼·春官宗伯》载："以玉作六瑞，以等邦国。王执镇圭，公执桓圭，侯执信圭，伯执躬圭，子执谷璧，男执蒲璧。"《说文解字》释"瑞"：以玉为信也。所谓"瑞"，是古时用玉做成的器物，作为封官拜爵之凭据。所谓"以等邦国"，是王以下分公、侯、伯、子、男五爵位，在君臣相见或诸侯间互访的时候，所执的玉器要对应爵位的高低。很明显，"六瑞"是合乎礼制的、有政治功用的玉礼器。古代"六瑞"实际上只有圭、璧两种玉器，因为尺寸大小、装饰纹样的不同，又有镇圭、桓圭、信圭、躬圭、谷璧、蒲璧的区别。

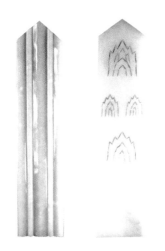

北京定陵出土明代江山纹玉圭

《周礼·冬官考工记》载："玉人之事：镇圭尺有二寸，天子守之；命圭九寸，谓之桓圭，公守之；命圭七寸，谓之信圭，侯守之；命圭七寸（可能是五寸之误—编著者注），谓之躬圭，伯守之。"玉圭名称的不同，取决于圭的尺寸大小。圭尺寸大小的不同，又反映了玉圭的等级之差。

周代玉人治玉圭，按礼制标准化生产。天子镇圭最大，超过一尺。诸侯所执之圭，均不能大于天子之圭。桓圭、信圭、躬圭与镇圭在王室统一琢制，天子向各贵公和各路诸侯封爵时，将玉圭连同土地、人民一起赏赐，带有任命的性质，故称"命圭"。《论语》说："执圭，鞠躬如也，如不胜，上如揖，下如授。"

古代有"谷以养人，蒲以安人"之说，将谷璧、蒲璧列为瑞玉，由级别较低的官吏执用。

玉圭、玉璧"六瑞"的使用，是古代实施分封制和宗法制的需要，因而历代对玉器的使用等级都作出了严格的规定，对玉器进一步加以调整，使之系列化和规范化。正如考古学家郭宝钧先生云："既联合璧琮冲牙组为杂佩，复抽绎玉之属性，赋予哲学思想而道德化；排比玉之尺寸，赋以等级思想而政治化；分别上下四方，赋以五行思想而迷信化。"按当时制度，王、公、侯、伯、子、男用圭、璧"六瑞"，依爵位的高低而有别，名称不同，大小不同，形式不同，等级森严。

需要指出的是，早期的玉圭大多数光素无纹，直接体现了《礼记》"大圭不琢，美其质也"的思想。

古代中国规定，祭祀天地四方，使用璧、琮、圭、璋、琥、璜"六

江苏句容茅山道观藏宋代玉圭

山东烟台芝罘岛阳主庙旧址
出土战国祭祀玉圭璧

器"；表示君臣上下贵贱等级之分，则用圭、璧"六瑞"。"六器"、"六瑞"，既是体现古代礼制的重要器具，也是古代礼仪制度文化的直接反映，更是古代"厚德载物"思想的重要体现。《周易》载"天行健，君子以自强不息"，"地势坤，君子以厚德载物"。君子以"六器"敬天礼地，是为了顺应天时地利；君子以"六瑞"确立等级，是为了求得人和，更好地治理社会。先贤通过礼仪玉器的使用，进行合乎规范的祭祀仪式、礼仪活动，追求天时地利人和的和谐环境，就可以积善积德，容载万物。天地最大，可以包容万物；人有深厚美德，也就能像天地一样容载万物，善待自然。

敬天法祖的玉璧

除了祭天的苍璧外，玉璧还有许多类型、形式和功能。据研究，玉璧是古代数量最多、形式最繁复、使用时间最长、功能最广、等级最高、影响最大的玉器。一部中华玉文化史，在某种意义上，也是一部玉璧发展史。

何谓玉璧

许慎《说文》说："璧，瑞玉，圜也。从玉，辟声。"清段玉裁注："瑞，以玉为信也。《尔雅·释器》云：'肉倍好，谓之璧'，边大孔小也。郑注《周礼》曰：'璧圜象天。'"是说圆形玉器叫璧，

广州西汉南越王墓出土龙凤玉璧

广州西汉南越王墓出土陪葬玉璧

寓意祥瑞。

圆形玉器有多种，不能将所有圆形玉器都称为璧。对此，《尔雅·释器》进行了细分，载曰："肉倍好，谓之璧；好倍肉，谓之瑗；肉好若一，谓之环。"肉，是玉璧内孔至外郭的边壁部分。好，是"孔"的假借字，指玉璧的中孔部分。这段文字的大意是，边壁大于内孔的圆形玉器，可以叫璧；内孔大于边壁的玉器，可以叫瑗；边壁与内孔大约相等的玉器，可以叫环。

这是古人对玉璧比较理想的分类，根据考古出土的众多玉璧材料来看，玉璧大小不一，内孔直径略有误差，分类实际上并没有如此严格。因此目前学术界一般将扁平圆形小孔玉器称为玉璧，既符合古人之意，又符合考古发现玉璧的实际情况。

河北出土东汉出廓龙纹玉璧

早在东周时期，先人已经从形态上区别出璧、环了。1978年河北省平山县发掘出土了一批战国中期的中山国玉器，其中一些玉器上带有墨书器铭，如"它玉环"等。所书环、璧的大小、形状，与我们常说的玉环、玉璧基本一致，说明人们对环、璧的认识，自古有之，至东周时期已达成共识。

扁平圆形小孔玉器，称为璧，是一个总称。依大小、纹饰、功能、铭记、质地等的不同而有不同的称谓。

尺寸较小的扁平圆形小孔玉器，称为系璧。《说文》段玉裁注曰："系璧，盖为小璧，系带间悬左右佩物也。"目前文物考古界将小型佩璧（多数是组佩构件）称为系璧，与段说一致。

尺寸特大的扁平圆形小孔青玉器，称为苍璧。也有学者将"苍璧"称之为"大璧"。

白玉琢磨的扁平圆形小孔玉器，称为"白璧"。

珍贵的大型扁平圆形小孔玉器，称为"拱璧"。

器表装饰蒲纹的扁平圆形小孔玉器，称为"蒲璧"。

器表装饰谷纹的扁平圆形小孔玉器，称为"谷璧"。

内孔或外郭出廓的扁平圆形小孔玉器，称为"出廓璧"。

边郭出齿轮形状的扁平圆形小孔玉器，称为"牙璧"。

将方圭与圆璧两种形态合为一体的玉器，称为"圭璧"。

还有其他质地加工的扁平圆形小孔玉器，也称为璧，常见的有石璧、陶璧、琉璃璧、玳瑁璧、木璧等，形式多模仿玉璧。

玉璧的功能

玉器的形态与用途密切相关，不同形态的玉器有不同的用途，特殊的用途需要，促使人们设计、生产出与之相吻合的玉器，这就形成了玉器形态的多样性与复杂性。玉璧的形态虽然不复杂，但使用功能却极其复杂，按照各功能产生的缘由分类，有设计功能、派生功能、附会功能等。

据《周礼》等古文献记载，玉璧的主要用途有二，一是祭祀用，二是丧葬用。而玉璧的实际用途要广泛得多，复杂得多，即使是祭祀用玉璧、丧葬用玉璧，使用的情况也很复杂。

据文献记载，玉璧在祭祀方面的用途，可以是"以苍璧礼天"，即用于祭祀苍天。可以是以"圭璧祀日月星辰"，用玉圭、玉璧祭祀日月星辰。这虽然还是祭天，但已不是祭祀抽象的天，而是祭祀看得见的日月星辰等天体实物，体现了古人由祭祀笼统概念的天象到敬畏具体的天体，并把天象视为万物之祖。古代祭祀还"沉璧于河"、"沉马及璧以礼水神也"，表明玉璧除祭祀日月星辰天体外，也祭祀地神、水神。"天子之望祭山、海，祭毕，例有埋玉璧"，玉璧除祭江河外，还祭大海。"璧者，所以祈神也"，表明玉璧用于祭祀的神，不限于具体的、狭义的神，还可以是广义的神。由此看来，玉璧还用于祭祀天地山川、日月星辰，担当起"六器"的祭祀功能。

清宫养心殿前的清代苍璧

玉璧在丧葬用途方面也颇有讲究，大大超出文献上"驵圭、璋、璧、琮、琥、璜之渠眉"的用途。考古发现表明，良渚文化时期，东周、西汉时期盛行"以璧敛尸"的习俗，用大量玉璧包裹尸体，如西汉南越王墓用多层玉璧裹尸。汉代玉璧除"以璧敛尸"外，还"以璧镶棺"，即以玉璧、玉版镶嵌成玉棺。

西汉帛画上的双龙穿璧图

玉璧除"以璧礼天"、"以璧敛尸"、"以璧镶棺"等诸多方面的祭祀、丧葬使用外，还有许多实际用途和象征意义。

在棺椁外面悬挂玉璧，是为了趋利避害、逢凶化吉。

在宫殿中镶嵌、陈设玉璧，主要也是为了辟邪。据《西京杂记》载，汉成帝时赵飞燕之妹赵合德所居的昭阳殿，壁带上以蓝田玉璧作为装饰。

《邺中记》载，十六国时期后赵皇帝石虎，在邺城太武殿悬大绶于梁柱，绶上缀有玉璧。

周代金文中，有"报璧"、"用璧"的记载，是某人为某人办成了一件事，作为酬谢将玉璧送给中介人，这表明周代玉璧明显具有酬金、财宝的性质。

玉璧作为聘礼、馈赠、贺礼，均因为玉璧具有极高的经济价值。东周至汉代，上流社会的社交礼仪，莫不用玉璧交往，以联络感情，表达善意。聘人做官，以璧作聘礼。《韩诗外传》载："楚襄王遣使者，持金千斤，白璧百双，聘庄子，欲以为相，庄固辞而不许。使者曰：'黄金白璧，宝之至也，卿相尊位也，先生辞不受，何也？'"玉璧是财富的象征，其价值有时无法衡量，可以用"价值连城"来形容，真是黄金有价璧无价。

璧除了是礼玉外，还是瑞玉。古代君臣相见或诸侯相盟，必持圭、璧玉器，以示身份。汉代"王侯宗室，朝觐聘享，必以皮币荐璧，然后得行"。因此，玉璧还是瑞祥的护符，道德的体现，身份的象征，等级的标志。

总之，没有哪一种玉器被赋予玉璧一样多的功能与含义，玉璧是古代玉器中使用功能最复杂的一种。璧圆象天，无棱无角，一团和气，成为中华民族包容、和谐、团结、强大的象征物。

祭地祈神的玉琮

璧、琮是中国玉器的代表作，是中国玉器千锤百炼的经典造型，垂范万世，成为古代中国文化的象征，凝聚着无穷无尽、深奥无比的中国智慧。"六器"之一的玉琮，其质地、造型、装饰纹样、使用功能，都蕴含着极其深刻的文化内涵。

别样的类型

玉琮的基本形态是外方内圆，上大下小，中间穿直孔，呈方柱形或圆柱形。多数玉琮表面装饰为成组纹样。

玉琮的起源，应与基本数理关系有关。俗语说，没有规矩，不成方圆。按古人解释，"规矩，方圆之至也"，"圆曰规，方曰矩"，"圆者中规，方者中矩"。璧是"规"的典范，琮是"矩"的果实。将方、圆融于一体的玉琮，是先民将几何、数学熟练应用于生活的生动体现。

琮的特殊造型是在大件玉器的加工过程中逐步形成的，外方内圆的玉琮形态是工艺设计发展到一定阶段的必然产物。因为这一时期的艺术创作已逐步脱离直接摹仿自然的阶段，开始向几何形方向发展，并将观念形态融于几何形之中，赋予几何形更多的文化观念。方、圆构图，成为这一时期造型艺术的主要构图方式。玉琮的起源，与形态设计密切相关；玉琮的发展，则与社会经济发展密不可分；玉琮的繁荣，是建立在原始农业经济稳固发展的基础上的。

玉琮的类型主要体现在玉琮的款式、大小、装饰纹样等方面，主要有镯式琮、璧琮、大琮、黄琮四型。

镯式琮形如玉镯，既有玉琮的功能，又有玉镯的形态，是玉琮的较早形式之一，与玉琮起源直接有关，以良渚文化中期较为多见。

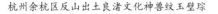

杭州余杭区反山出土良渚文化神兽纹玉璧琮　　　成都金沙遗址出土良渚文化式大玉琮

璧琮的特点是璧、琮合一，这是良渚文化最重要的玉琮。浙江省反山遗址 12 号墓出土的"琮王"，就可列入璧琮范围。璧琮的主要特点是宽度较大，高度相对较小，多数是宽度大于高度。璧琮是制作工艺最精湛的玉琮。浙江省反山、瑶山，江苏省草鞋山、寺墩、高城墩以及上海福泉山等良渚文化遗址中出土的玉琮，用料最好者，形象最佳者，纹样最完美者，琢磨最精致者，均为璧琮。璧琮工艺精益求精，在墓中又多陈放在头部、腰部等重要位置，表明璧琮在众多玉琮中特殊的身份和地位。

玉琮最精者是"璧琮"，最高者为"大琮"。大琮的基本特点为上大下小，外方内圆，中间对钻圆孔。器形高大，高度大于宽度。玉琮外周壁以粗阴线分为若干节，每节四面中间为竖凹槽，以四角为中心，雕刻抽象的神人兽面纹。大琮高低不一，大小有序。《考工记》中的"大琮"，乾隆皇帝常称作的玉"辋头瓶"，指的应是这类大琮。在夏朝时期，大琮几乎传遍中华大地，其中一部分是来自良渚文化原产地的玉琮，我们称之为良渚文化玉琮。

黄琮的基本形式，矮者与璧琮相似，高者与大琮相仿，但无论是高者还是矮者，琮外壁四面大多光素，不施任何花纹。所用玉材也较为特别，多为青黄玉，有的甚至是黄玉。黄琮主要流行于中原地区，西北地区也有相当的数量。黄琮出现的时间较晚，多见于商周时期。黄琮与大琮的关系，目前还不太清楚，应没有直接的前后发展联系。《周礼》记载礼地的"黄琮"，笔者以为指的就是这类外壁没有任何装饰花纹的素面玉琮。

特殊的功用

《周礼》载"以苍璧礼天，以黄琮礼地"，礼天礼地可以分别进行，也可同时进行。考古材料表明，早期玉琮与玉璧是同时使用的，许多璧、琮是同时琢磨、埋藏的，有的还用同一块玉料琢磨。

国家博物馆藏
良渚文化式大玉琮

安徽省定远县山根许良渚文化墓葬出土玉璧、玉琮各一件，若将璧放置在琮的上面，璧之内孔与琮之内孔大小基本一致，玉质经过受沁，质感还基本一致，可以认定，璧、琮是用同一块材料制作的。陕西省扶风县城关案板坪村出土的西周玉璧、琮，系用同一块青白玉料套裁雕琢而成，两者能相互套合。

用同一块玉料雕琢成璧、琮玉器，并且没有分开过；或是用不同的玉料同时雕琢璧、琮玉器，均表明璧、琮在使用时相互配合，用途特殊，当与祭祀天地有关。从文献记载与璧、琮的原始功能看，祭天礼地是璧、琮的原始功能，或者说是原创性功能。

玉琮除上大下小之外，还有一个特点是外方内圆。上大和内圆均象征天，下小和外方均象征地。天在上面，地在下面，天大于地。琮孔的圆心象征"天极"与"地极"所在的点，琮四面四条直凹槽象征着擎挂着巨大天体的"天柱"。江苏省武进寺墩3号良渚文化大墓出土的小孔玉琮，浙江省反山出土的"琮王"，出土时玉琮都是竖着的，大端在上，小端在下，上端对着天，下端撑着地。这种陈置方法，我们认为不是随意的，而是有意放置的，其中必定有象征意义。玉琮象征着天地，象征着世界，象征着宇宙。

玉琮上面象征着天，下面象征着地，这与早期盖天说也是基本相符的。《晋书·天文志》中记载，盖天说主张"天圆如张盖，地方如棋局"。盖天说认为，天盖不坠落的原因，是有八根柱子支撑着天穹。相传共工触倒的那座不周山，就是八根擎天柱之一。由此可见，中国早期的盖天说可追溯到新石器时代。因天大于地，因此用于祭祀的玉琮，上面应大于下面。

玉璧、琮的特殊造型，也可能与早期巫术活动相关。以良渚文化为代表的早期玉琮，四面琢有凹凸的横棱纹，虽然有的大琮只存一些简化的线条、线痕、圆点，以及由上述单位元素构成的转角面，但从其演变发展情况看，早期玉琮花纹表达的都是比较完整的思想内容。越到后来，

山西芮城出土
新石器时代玉琮璧

43

图像越抽象，以致若不了解其全貌，就无法辨别其构成，不能认识其内容。事实上，玉琮的每一组花纹，表达的都是一组神人兽面组合纹，有的较为具象、完整，有的较为抽象、简略。其意义是巫师借助动物的神力，利用璧、琮中孔的特殊管道，将神秘的巫术内容奉告"天神"，并接受上帝的"旨意"，进行人间与神间的交流，达到"替天行道"的目的。

玉琮上的多层花纹，可能还与田地有关。因为有大量的田地，需要进行更多的祭祀活动，所以需要更多、更高的玉琮。将玉琮的节数解释为田地的数量，对玉琮越做越多、越做越高的现象，也就可以得到合理的解释。

玉琮尽管用途多样，最主要的还是祭地祈神，满足对田地、对农业的祭祀要求，并逐渐演化为田地的象征，被神化为"土地神"。为了强化玉琮作为土地神的标志，玉琮逐渐被制造得越来越规范，越来越完善。玉琮四面的图像不再是凶猛的兽面，而是将神人合一，也就是将镇邪与祭祀相结合。同时将玉琮的图像放在转角处，由象征四面到通达八方，形成四通八达的寓意。

古人将外方内圆的柱形玉器定名为玉琮，这很好地体现了此类玉器深刻的文化内涵。"宗"与"中"谐音，玉琮外方、中圆，能反映出古人注重中心、中部、中点、中枢的观念，为最终"中国"概念的形成提供了形象的借鉴。按字意解释，"宗"是会意字，从"宀"、"示"，"宀"意即房屋；"示"意为"神祇"。"宗"的本义是宗庙、祖庙，在室内对祖先进行祭祀。"琮"从王、宗，意思很明显，是用玉器在室内对神祇、祖先进行祭祀，这种玉器就是"玉琮"。这当然是玉琮定型后的文化功能，与早期原创时期玉琮的原始功用有一定距离，也不同于玉琮后来象征财富、用于丧葬等派生功能。

对天象的依赖，对土地的需求，是农业国家的头等大事。我们的祖先在遥远的古代就对赖以生存的环境给予了很多的关注，琢磨得出大量玉琮用以表达复杂的内心世界的结论。

神秘莫测的玉璋

"六器"中最为神秘的玉器要数玉璋，不仅因为名称多，文献记载与考古出土不相符，还因形体大，用途说法不一，显得十分神秘。

形体硕大

玉璋是什么样子的？文献上有记载。东汉许慎在《说文解字》中说"剡上为圭，半圭为璋"，意思是尖锐状的扁平长条形玉器为玉圭，现在一般称之为尖首玉圭；斜首状（半个尖首）的扁平长条形玉器为玉璋。现在文物考古界一般将一端斜刃，另一端有穿孔的扁平长方体状玉器称为璋，也称为牙璋，是古代众多璋中的一种。《周礼》记载璋有"赤璋、大璋、中璋，边璋、牙璋"等五种，赤璋、大璋、中璋，边璋与牙璋的区别，究竟是大小、形状还是色泽方面的，目前还不太清楚。

玉牙璋，以往考古发现比较少见，一些学者曾将其定名为"玉铲"，以为是生产工具。近年在龙山文化、商代遗址墓葬中，特别是四川省三星堆祭祀坑中发现了数十件形式多样的玉牙璋，才将这类扁平长条形宽刃玉器称为牙璋。上端有薄而宽的刃，两侧有大小不一、数量不等的齿牙，是牙璋的必备要素。

牙璋是我国上古时期数量较多、分布范围较广的一种奇特大件玉器，最早出现于新石器时代晚期的"龙山时代"，首见于黄河流域的龙山文化遗址，二里头文化时期继续流行。

著名的四川省广汉三星堆一、二号祭祀坑出土的大量玉器中，体型最大的一些玉器，几乎都是玉璋。据《三星堆祭祀坑考古发掘报告》，三星堆一、二号坑共有成品玉器 211 件，大件玉器中玉璋 57 件，占玉器总数的 27%。玉璋中长度超过 30 厘米的有 45 件，长度超过 40 厘米的有 19 件，占玉璋总数的 79%。

湖北荆州出土
石家河文化玉牙璋

用途成谜

牙璋是古代大件玉器中一种神秘的玉器,其用途扑朔迷离。20 世纪末香港中文大学曾举办过学术会议专题研讨玉牙璋,但对于其用途还是众说纷纭,莫衷一是。根据文献记载和器物特征,玉牙璋的用途可能至少包括五个方面:

一是祭祀南方之神。《周礼·春官宗伯》载"以赤璋礼南方",是说用红色玉材加工的璋祭祀南方。由于天然红玉极少见,这些可能是涂朱砂的玉璋,或是包裹红色织物的玉牙璋。牙璋从黄河流域原产地一直向南传播,跨过长江,直达我国的西南地区,甚至远至越南等东南亚地区,可能是祭祀南方之神的传统逐渐向南传播的结果。还有的牙璋上面有立鸟,应是朱雀鸟类,代表南方。

二是祭祀名川大山。古代统治首领巡视名山大川时需要祭祀一番,所用的祭品有时就是牙璋,祭祀完毕后或埋入土中,或投入河中。三星堆出土的小件青铜器中,有铜人手持牙璋进行跪祭的器件,可能就是当

四川三星堆遗址出土商代玉牙璋

时祭祀南方、山川仪式的形式记录。香港大屿山遗址曾出土玉牙璋，由于遗址周围缺少其他建筑遗存，这些玉牙璋可能专用于祭祀周围山海。

三是供祭用品。古代社会有特定的场所要对列祖列宗、小鬼大神进行祭祀，有长期供奉的，也有定期献祭的。三星堆、金沙等遗址出土的商周时期长达 1 米以上的超长形大玉璋，器壁较薄，有的上面还刻绘鬼神图像。这类牙璋不方便移动使用，可能是供奉祭祀的专用玉璋。

四是作为相亲聘礼。《周礼·冬官考工记》载："谷圭七寸，天子以聘女；大璋亦如之，诸侯以聘女。"

五是作为发兵礼器，作为调动军队的符信。《周礼·典端》载："牙璋以起军旅，以治兵守。"

由此可见，玉牙璋的主要用途还是祭祀。但有的考古遗址出土数十件玉牙璋，有的形体很大，器壁又薄，容易折断，这类超大形玉牙璋在古代祭祀活动中究竟是如何使用的？至今没有人说得清楚。

虎虎生威的玉琥

琥是苍璧、黄琮、青圭、赤璋、白琥、玄璜"六器"中唯一的动物形玉器，其他五器都是几何形状的玉器。琥既用于祭祀，更显示出文化的精神。

以动物艺术形象来反映古代中国的民族精神，首推"龙"。除了龙，还有虎、狮子等。龙象征高贵，虎象征勇猛，狮子象征威武。三种动物中，龙既是虚构的，又是写意的，出现最早，已有八千多年的历史。自古至今，龙一直是中国民族艺术的母题，也是中华文化的化身。虎几乎与龙同寿，新石器时代已经出现用贝塑龙虎作为陪葬的大型墓葬，其勇猛的精神同样不亚于龙。狮子是"外来客"，唐以后在中国才大量流行起来。虽然晚到一步，但很幸运，逐渐成为民族文化、民族精神的象征物。三种神奇动物，有神化的，有土生土长的，也有外来的，从不同的源头汇聚到一起，和睦相处，共同谱写了中华文化的乐章。由于人类与动物争夺生存环境，野生动物的栖息地越来越小，空间越来越有限，虎对文化、对人类的影响力越来越微弱，但在文化史上的作用同样不可小视。尤其是玉虎，器物虽小，作用不小，影响较大，值得一说。

从玉虎到玉琥

目前最早的虎纹玉器，见于距今五千多年前的安徽省含山县凌家滩遗址，在该遗址发掘和征集到了三件双虎首纹玉璜。双兽形同体玉璜，到东周以后才大量流行，早期的这类玉璜，大都是中间断开，各自单独使用的，所以我们很少能见到完整的玉璜形象，可见凌家滩的双虎首形玉璜弥足珍贵。

长江中游地区新石器时代石家河文化出现了数量较多、形象较佳的虎头形玉佩，大多作虎头正面形象，表明其时玉雕艺术家对虎的观察相当仔细，具有写实的特征。

同样值得注意的是，独立虎形象的最早出现，与玉紧密地联系在一起，两种神秘之物的结合更具神秘色彩。

湖北出土石家河文化玉虎头

形象完整的玉虎，始见于商代晚期墓葬，以妇好墓出土的玉虎数量最多，形象最好。妇好墓共出土8件玉虎，有圆雕和片状玉虎两种形式，以写实形的圆雕玉虎最具特色。其中一件圆雕玉虎，长11.7厘米，呈圆柱状，体形粗壮，张口露齿，竖耳垂尾，作捕食待发状。通体饰纹，以双勾阴线手法表现，体侧饰回形纹，尾部饰虎斑纹。

圆雕玉虎反映了商代艺术的写实风格，同时也是商代玉雕现实主义作品的典范。商代玉虎的另一种形式作扁平形状，其中一件玉虎长13.3厘米，姿态与圆柱形玉虎相差无几，虽没有前者逼真，但由于具有弯曲的动态姿势，更显示出虎的本性，活灵活现。程式化的商代纹样装饰，同样在扁平玉虎上得到再现，双勾线的刻画更加遒劲，尾部的虎斑纹，点出了动物的本性，虎虎生威。玉虎两面饰纹，可以不分前后佩挂。商代扁平玉虎是由写实型向图案化、程式化演变的重要形式。可以看出商代艺术家对虎的习性观察得十分精确，能在艺术实践中加以概括、提炼，形成新的艺术形式。

西周时期的玉虎，从形态上看与晚商玉虎基本一致，同样有圆雕与扁平两种形状，大小、尺寸以及表现手法有明显的源流关系。但从神态的刻画上看，两者之间有所不同，毕竟西周艺术的活力及审美情趣不同于商代，装饰花纹由双勾线向一面坡线发展，神情较为拘谨，可能与西周时期较为严格的礼制有关。

玉虎的突变在春秋时期，不仅体现在形式上，更体现在内在精神及用途上，而这一切又促使琢磨工艺实现了创新。形声字"琥"专门表示用玉制造的虎符，"玉虎"从此写作"玉琥"。考古出土的春秋玉琥，数量还是相当多的，并呈现出多方面的特点，首先是单件玉琥较为少见，大多成双成对出土。其次，春秋时期的玉虎，都呈抽象化的扁平形状，不见写实形的立体玉琥。成对的玉琥，系用同一块玉料雕琢，两面刻上相同的花纹后，一剖为二，这样玉琥一面饰纹，另一面光素无纹。分则为两琥，合则为一琥。有些墓仅出土一件玉琥，但从玉琥形状看，本应有两件，因为它们都一面饰纹，另一面光素无纹，且玉琥的背面都有切割的痕迹。其三，玉琥均出在级别较高的墓中。出土玉琥的河南省淅川县下寺一号墓，共出土精美的随葬品449件，有钮钟一套九枚，还有大量精美青铜器和玉器，由此可知，墓主人级别相当高。江苏省苏州和吴县（今苏州市吴中区）出土两对四件玉琥的春秋墓，经研究均为春秋吴国王陵。

玉琥主要见于春秋时期，战国时期几乎不见。战国墓葬偶尔出土的玉琥，多呈春秋时期的造型及装饰风格。从器物类型学分析，其制作时

江苏盱眙博物馆藏春秋玉琥

间应在春秋时期，战国时期玉琥成了收藏品，原生用途也就失去了。

由此可见，玉虎发展到春秋时期，已成为一种固定式样，在不同地区的诸侯国间有相同形态的玉琥出现，表明玉琥已成为一种通行的凭证，成为传递特殊信号的标志物。因而，我们认为，文献上所说的"玉琥"，应是指春秋时期的玉虎。这样基本可以认定，春秋时期对玉虎的称呼，已从"玉虎"改称为"玉琥"，表示是用玉琢制的有专门用途的玉虎。

江苏严山墓葬出土
春秋玉琥

由玉琥到玉符

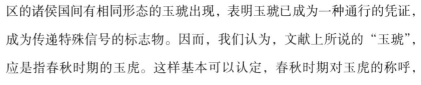

关于玉琥的用途，学者普遍认为是礼玉，因为《周礼·春官宗伯》有"以白琥礼西方"的记载。除此以外，玉虎、玉琥还有多种功用。

新石器时代、商代、西周时期的玉虎，有圆雕、片状两种形式，不见成对的形式、大小相同或相似的玉琥，造型也不是很规范。有学者认为，这些玉虎是装饰品，前者可能是陈设品，而后者似为佩玉。这种说法应是可信的。

江苏扬州汉墓出土
春秋玉琥残片

春秋时期玉琥的特点是形体较大，玉质精细，工艺复杂，制琢难度较高，应有特殊的用途。笔者经过研究认为，东周时期一面饰纹的成对玉琥，具有玉符的性质，具有"合符"的用意，是东周时期的玉符，可称为"玉琥符"。

符是古代王室或朝廷传达命令或调遣兵将用的凭证，双方各执一半，以验真假。《说文》曰："符，信也，汉制以竹，长六寸，分而相合。"应劭注曰："铜虎符第一至第五，国家当发兵、遣使至郡合符。符合乃听受之。"古代的符多为铜虎符、竹使符。考古发现有铜虎符，但不见竹使符，大概由于竹容易腐烂，不易保存所致。考古出土著名的周秦铜虎符有杜虎符、阳陵虎符。虎符制作成虎形铜符，一剖为二，一半存于中央朝廷，另一半发给各地郡、府。如果各郡、府发兵，须以朝廷所存的半个虎符为凭证，派遣使者带着虎符到各地下达发兵之令。如果合符，即令发兵。

从铜虎符观察，玉琥完全符合"符"的特点。一件两面琢纹的玉琥，成器后，一剖为二，一器分为两器，既可分开，又可相合，分开来是半琥，合起来是整琥，也就是古人说的"分而相合"。可分可合的玉琥都出于帝王或级别相当高的贵族墓中，玉琥符由这些人掌管是合情合理的。同时这类玉琥流行于东周时期，这个时期国之大事不断，为了联络方便，使用较多的玉琥符也是时代之必然。

河北中山王墓出土春秋玉琥　　　　　　　　　玉琥背面

玉琥作玉琥符用，有人可能会提出异议，因为铜符上均有铭文，而玉琥符上无字。其实这种担心是没有必要的。从中山国玉琥上有墨书文字看，当时一部分玉琥无纹的背面，可书写文字，由于时间久远，文字不易留存下来。更重要的是，玉琥符较铜琥符更具防伪的特点。由于自然界相同的玉料几乎无法找到，玉琥符的玉料、雕工及形态，虽有基本的形式，但细微之处各不相同，本身就比铜虎符有更好的防伪性能。各地出土的玉琥各有特色，似乎能进一步说明这个问题。有些玉琥的背面还有切割的痕迹，古人没有磨掉，而是有意保留下来，可能就是为了更好地验证玉琥符的真伪。

东周以后盛行起来的铜虎符，应是在玉琥符基础上发展起来的，由于在铜符上面更易铸字，更易携带，方便保存，比玉琥符具有更大的优越性，成为当时通行的发兵、遣使信物。古代既然有"竹使符"，为什么不能有"玉琥符"？"玉琥符"的仿伪性能要比"竹使符"强得多。所以，我们认为，将东周时期成对的玉琥推定为"玉琥符"，既符合当时的历史条件，又符合器物本身的特点，更能有力地解释一些出土玉琥的考古现象。当铜虎符大量流行后，玉琥符便基本不使用了，所以考古发掘中也基本不见了。

四川三星堆遗址出土虎牙饰

君子杂佩的面目

玉杂佩是中国早期玉器中比"六器"、"六瑞"更加规范、更加严谨的玉器组合。玉杂佩起源早，沿用时间长，结构复杂，形式多样，等级明显，是中国古代成套玉器中比较特殊的一种玉器形式，在中国古代用玉制度、礼仪制度方面，比较特殊与重要。

名称由来

关于玉杂佩的称呼，学术界曾有玉项饰、玉串饰、玉杂佩、玉全佩、玉组佩、玉佩、佩玉等不同叫法。古代文献方面关于玉杂佩的记载很少，比较早的见于《诗经》，如：

《卫风·竹竿》："淇水在右，泉源在左。巧笑之瑳，佩玉之傩。"

《秦风·终南》："终南何有？有纪有堂。君子至止，黻衣绣裳。佩玉将将，寿考不忘。"

《郑风·有女同车》："有女同行，颜如舜英；将翱将翔，佩玉将将。"

从《诗经》中的一些诗歌可以看出，周代中原地区的卫国、秦国、郑国等地非常流行玉杂佩。《礼记·玉藻》载"古之君子必佩玉"。君子佩挂的玉，有"佩玉"、"杂佩"、"玉佩"等不同称呼，均为组玉佩，也就是多件穿缀成组的玉器。

考古出土的组玉佩，远比《诗经》中描述的多样与复杂，而且使用时间也不限于周代，使用地区不限于中原地区。"玉项饰"、"玉串饰"、"玉杂佩"、"玉组佩"、"组玉佩"等多种不同叫法，值得加以辨析。

"玉项饰"是首饰，主要是为了化妆打扮的审美需要，还是权力与财富的象征，可能还没有礼制方面的特别功用，是组玉佩的前身。"玉串饰"既可作首饰，也可作服饰，穿缀组合比较随意，没有特定的组合形式。

"玉杂佩"，一般指不用"全玉"穿缀的组玉佩，因一组佩饰中还间隔一些其他材质与色泽的珠、管、坠等饰，所以称为"玉杂佩"。"玉杂佩"应是周汉时期的主要组玉佩，但不包括"玉全佩"（一种用"全玉"穿缀的等级更高的组玉佩）。

"玉杂佩"是古代重要的礼仪玉佩，是一串多件成组的玉佩，也是一种形式特殊的玉佩。具有多件玉饰、特定佩法、相互关联、反映等级四个特征。

"多件玉饰"，是指"玉杂佩"至少要有两件主佩以上玉器穿缀成组。

广州南越王墓出土带组玉佩的玉舞人

广州南越王墓西汉南越王右夫人
组玉佩

湖北江陵楚墓出土木俑彩绘组玉佩

周汉时期重要组玉佩中的多件玉饰中，一般有一件是玉璜，否则可能是一般的玉坠饰。

"特定佩法"，是指玉杂佩的上下、左右穿缀方式必须是特定的，而不是随意的，同时有特定的佩法。玉杂佩还有穿缀、装饰使用的丝线、花结及色泽上的要求。

"相互关联"，是指玉杂佩的珩佩、璜佩、琚、瑀、冲牙坠饰、管珠附饰等各部件，不是独立的，而是相互关联的，是一个相互联系的有机整体。毛传对《诗经·郑风·女曰鸡鸣》进行了注释，说"杂佩者,珩、璜、琚、瑀、冲牙之类"。

一套完整的组玉佩，从构成看，有珩、璜、环、璧、琚、瑀、玉龙、玉凤、玉人、冲牙、珠、管、坠等构件；从功能看，有钩扣、珩佩、主佩、垂佩、附饰等区别。但不是每一套组玉佩都有这么多玉构件，都有这么多功能，高等级的组玉佩一般才具备这些构成要素，而简化式组玉佩，从内容到形式，均呈简化状态。

"反映等级"是指"玉杂佩"不是有钱有权有闲人可以随便佩挂的，而是有社会地位有文化学养的君子佩挂的高档玉佩。

使用例证

河南出土西周虢国君子玉杂佩

玉杂佩源于新石器时代。江苏省新沂花厅遗址 M60 出土的玉项饰，由 14 件玉环、3 件玉璜、2 件玉佩、5 件玉坠，计 24 件玉器构成，可以复原成一串玉项饰。玉环主要在上面，鸟纹玉佩在两侧，玉璜主要在下面，玉坠自然下垂，左右基本对称。错落有致，形态复杂，结构讲究，是迄今为止考古发现的最为精美的大型良渚文化玉项饰，令人叹为观止。

西周时期玉杂佩大量增多，不仅出土于京畿地区，更大量发现于分封诸侯国，目前主要出土于陕西、河南、山西等地大型西周墓地。这些贵族墓葬规模宏大，气势非凡，随葬品丰富，青铜器成套成组，精美无比，玉器数量众多，形态优美，品种丰富。玉杂佩更是富丽堂皇，形式多样，结构复杂，成为这一时期富有时代特征的组玉器，在中国玉器史、礼仪制度史上占有重要地位。

河南省三门峡虢国贵族虢季墓出土的最重要的组玉佩，是七璜联珠组玉佩，计有 374 件玉饰构成，分为上下两部分，上部用玛瑙珠、玉管构成项饰，下部用玉璜、玛瑙珠和料珠构成多璜组玉佩，玉璜多达 7 件。玉璜为青玉质地，大小依次递减。玉璜表面均琢磨龙纹，或单面饰纹，或双面饰纹。部分玉璜背面尚有红色条带"朱组"痕迹，是为垂挂遗痕。这是垂挂于颈间而达于下胸的大型组玉佩，非常罕见，反映出西周时期大型组玉佩的结构特征、佩挂方法，极具研究价值。

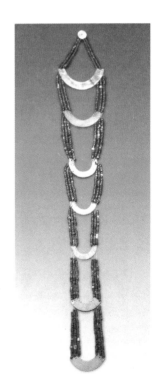

陕西韩城出土
春秋芮国国君七璜联珠佩

从使用功能、佩挂方式上分，玉杂佩有项饰佩、项饰胸饰联佩、胸腹佩、腰带佩等。项饰佩，是直接套挂在项部的组玉佩，主要流行于新石器时代、周汉时期。项饰胸饰联佩，是由项饰、胸饰两个组玉佩合二为一的大型组玉佩，套挂于项部，垂挂于胸腹部，既扩大了组玉佩的结构，又解决了大型组玉佩的悬挂问题，目前主要见于西周时期高等级贵族墓中。胸腹佩是组玉佩中的大型组玉佩，玉构件数量多，构成复杂，因较长，只能垂挂于胸腹部。豪华大型组玉佩都是胸腹佩。

山西晋侯墓出土豪华组玉璜佩

玉杂佩集瑞玉、礼玉、佩玉、组玉于一体，使用非常广泛，形式非常多样，制度非常严格，等级非常分明。家族身份越尊贵，社会地位越高，拥有的玉杂佩数量越多，玉杂佩构成越繁杂。

玉璜是玉项饰、玉杂佩中的重要构件。玉杂佩中玉璜使用数量的多少，往往反映出主人身份的高下。尤其在周代，玉璜是贵族身份的象征，璜的数量代表了贵族身份的高低。玉杂佩中玉璜的数量越多，佩挂者的贵族身份地位就越高。周代高级贵族可使用四璜、五璜、六璜、七璜佩，以四璜、五璜佩较为常见。玉璜的形式也是多种多样的。既有半环形、半璧形等几何形玉璜，也有双龙、双凤等动物形玉璜。即使是同一玉杂佩中的多件玉璜，形式、纹样或者时代，有时也是不同的。

汉以后直至明代的组玉佩构件中，虽也有玉璜，但已不再是等级高低的象征了，也不是主佩了，而成为玉构件中的组成部分。因为这一期间礼玉制度、服饰制度发生了很大变化。

贵族组佩的结构

玉杂佩在经历了晋唐宋元时期的缓慢发展后，至明代又迎来了拟古风气很浓的发展新形势。在"物不古不灵，人不古不名，文不古不行，诗不古不成"（李开先《闲居集》）的明代复古思潮的影响下，组玉佩也以复古形式出现。数量多，结构好，级别高，成为贵族组玉佩发展的新款式。据目前明代墓葬考古资料，明代组玉佩主要出土于皇帝陵墓及分封的藩王墓葬，而且多以一副二挂形式出现（《明实录·神宗实录》将组玉佩称之为"挂"）。

新款式

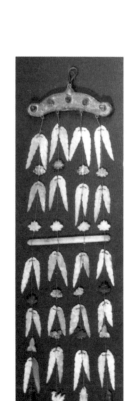

北京定陵出土明代玉花组佩

明神宗万历皇帝与孝端、孝靖皇后的定陵，共出土组玉佩七副十四挂。四挂出土于万历帝的棺内，其余组玉佩均装在随葬物箱内。出土于箱内的组玉佩，又分为装在佩饰匣内，或与玉带同在一个匣内两种情况，每副两挂，交互重叠放置。每副组玉佩都装在一个黄色纱袋内，佩钩露于袋外，袋口用丝线缝紧。组玉佩所系玉饰件，绝大多数为白玉，少数为碧玉、绿玉，还有部分绿松石、水晶等与玉相间串联。

定陵组玉佩的玉饰件上均有纹样。有的玉饰件上浅刻云龙纹，然后描金；有的玉饰件不加刻纹样，直接在玉饰件上用金粉描绘出云龙纹或云凤纹。

定陵组玉佩的玉饰、玉珠穿系方法，系用合股黄色丝线两股，采用双回线法穿系。即从上排的玉饰孔中下穿玉珠至下排的玉饰孔内，然后又折回到上排玉饰孔内，并将线头再次下折穿入玉珠内，十分巧妙。这样所有线头均不外露，整洁美观。

新佩法

明代组玉佩有明确的结构名称及数量规定。《明史·舆服志》载，皇帝冕服有"玉佩二，各用玉珩一，琚一，瑀二，冲牙一，璜二。瑀下垂玉花一，玉滴二；璲饰云龙纹描金。自珩而下系组五，贯穿玉珠。行则冲牙、二滴与璜相触有声。金钩二"。上述记载说明，明代组玉佩既有众多结构，也有等级区分。

明代皇帝、皇太子组玉佩使用有别，藩王、王妃佩挂的组玉佩也有一定的差异。除亲王组玉佩比王妃组玉佩体量较大、结构较繁、等级较高外，王妃组玉佩上的金钩也是亲王组玉佩上所没有的。

明代组玉佩是用黄丝线将多件饰物串连而成的腰间佩饰，垂挂于革带两侧，故多成对出土。从组玉佩图像及组玉佩考古

玉佩上的金钩

湖北出土明代梁庄王金钩凤纹玉佩　　　　　　金钩凤纹玉佩结构

出土现场得知，明代的组玉佩都是腰带佩。江苏省南京市明孝陵神道的文臣石像身上的组玉佩形象，也是成对垂挂于腰部后背的，用钩子将其扣系于革带上。明代组玉佩的佩法，与《明史·舆服志二》"革带前系韍，后系绶，左右系佩"的记载相一致。明代使用组玉佩是为了符合古礼。

玉具剑饰的构成

由剑首、格、璏、珌四件玉饰构成的玉具剑，在中国古代玉器家族中是非常特别的一种。它既配套成组，又具有礼仪的性质，更有别于西方的宝剑形式，成为古代东方特有的佩剑制度。《史记·田叔列传》载："将军欲取舍人中富给者，令具鞍马绛衣玉具剑，欲入奏之。"表明玉具剑在古代是必备器具之一。《汉书·匈奴传》载，汉天子为了边疆安定，实行和亲政策，不仅赏给呼韩邪单于美女王昭君，同时也赐予冠带、衣裳、黄金玺、玉具剑等。

特别的形式

　　剑是古代著名的冷兵器，既可防卫，又能进攻，同时还是高贵身份的标志，东西方社会莫不如此。中国古代的剑，以青铜剑和铁剑最为著名，上古时期主要作兵器用，中古时期主要作礼仪和装饰用。在剑身、剑鞘上饰玉，是金属剑礼仪化、装饰化、贵族化的结果。以玉饰剑，始见于西周。考古学家在河南省三门峡上村岭西周虢国墓地2001大墓中，出土了铜柄铁剑一把，被誉为"天下第一剑"。经科学鉴定，此剑为人工冶铁制品。铜柄外镶嵌美玉及绿松石，剑身与柄的结合处也嵌有绿石饰。这一用人工冶炼铜、铁及天然玉、绿松石四种材料制成的兵器，是科学家确认的中国最早的人工冶铁和饰玉剑。

　　春秋战国时期，由于战事不断，崇武之风很盛，因而各种剑式层出不穷。在剑身上饰玉渐成新潮，不仅剑身上装玉，连剑鞘上也安上了玉，玉具剑逐渐形成。

　　玉剑饰的黄金时期是在汉代，尤其以西汉最为兴盛。西汉时期玉剑饰的显著特点是完整玉具剑的出现，剑身上的剑首、剑格，剑鞘上的剑璏、剑珌，四件套玉剑饰成为定制，并将玉具剑提高到礼仪文化的层面，加以推崇。佩挂玉具剑成为一种时尚，一种特权，是勇猛彪悍的象征。而东汉时期的玉具剑就开始走下坡路了。

　　玉具剑上的四件玉饰，古代学者曾对其有不同称呼。目前考古界一

湖北出土战国玉具剑

般称其为玉剑首、玉剑格、玉剑璏、玉剑珌。

玉剑首是剑柄顶端的饰玉，是金属剑上最早出现的玉饰，始见于春秋时期，一般与金属剑紧紧连在一起。汉代玉剑首多作圆饼形，向外的一面雕刻精美纹样，中心部位常饰圆涡纹，外圈多饰谷纹。接触剑柄的里面，琢一个凹下的圆圈形沟槽，槽旁有三个斜通沟槽的小孔，便于胶合固定于剑柄上。出土玉剑首沟槽内常有金属蚀物残留，周围玉质常被金属所沁。

玉剑格，也称璏，是剑柄与剑身间的玉饰。《说文》："璏，佩刀上饰也。天子以玉，诸侯以金，从玉奉声。"汉代玉剑格多作棱形，中间穿孔，便于与剑身相扣，插入剑鞘。汉代玉剑格两面多作精细花纹，或螭龙或兽面纹，或阴刻或浮雕，两面花纹常不一样，生动有趣。

玉剑璏是剑鞘上之饰玉，嵌于剑鞘外部一侧的中间部位，正视为长方形，表面多琢螭龙、虎、卷云纹、谷纹等纹样。玉剑璏侧面穿一长方形孔，便于革带穿过，以使剑固定在腰际。《说文》："璏，剑鼻玉也。"

玉剑珌是剑鞘末端之玉饰。《说文》："珌，佩刀下饰也。"段注曰："珌，毕也。刀室之末，其饰曰珌。"玉剑珌是玉具剑中形状最多样、纹样最丰富、雕刻最精美的饰剑玉器，正视呈梯形，上窄下宽，两面装饰精美纹样。侧视呈菱形，上端平滑，中间有圆形或近圆形的凹孔，便于与剑鞘粘合。

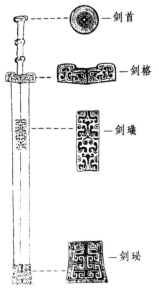

剑首

剑格

剑璏

剑珌

玉具剑佩式图

精美的纹样

东周汉代的玉剑饰大多有精美的花纹装饰，最常见的是螭龙纹图样。螭龙，也有人称为螭虎，是传说中的龙的九子之一，形如龙，又不全像龙；形如蛇，又不完全似蛇，与龙一样，也是多种动物的一个综合体。大量螭龙玉具剑的流行，与当时崇武的社会风尚有密切关系。考古出土的螭龙纹玉剑饰，主要见于汉代，以西汉较为常见，东周、东汉并不多见。

从众多的西汉螭龙纹玉具剑资料中，可以看出西汉螭龙纹玉剑饰的基本特征。首先，我们可以认定，战国晚期出现的螭龙纹玉剑饰，至西

江苏徐州出土
西汉螭龙纹玉剑珌

汉时期大放异彩，成为玉具剑装饰纹样的主流，其他的玉剑饰装饰纹样仅见兽面纹、勾云纹等，而且花纹的精细程度与螭龙纹相去甚远。西汉玉剑饰装饰花纹，阴刻起突的几乎全用兽面纹、勾云纹，而高浮雕装饰几乎无一例外是螭龙纹。由于高浮雕螭龙具有较好的装饰效果，所以多将其雕琢在玉剑格、玉剑璏、玉剑珌的外侧表面，给人以生龙活虎的美感。从螭龙纹玉具剑的特殊用途，以及目前所见螭龙纹玉具剑全部出土于汉代诸侯王墓来看，螭龙纹玉具剑与普通的剑不同，它是最高级别的金属剑。因此，我们完全可以肯定，玉具剑是高贵身份的象征，只有诸侯王一级爵位才能佩戴螭龙纹玉具剑，这与《汉书》等史籍记载是基本一致的。螭龙纹玉剑饰不是普通的玉器，既有相当高的档次，又有礼仪文化的内涵，在众多汉代玉器中非同一般。

西汉螭龙纹玉剑饰中，螭龙多作弯曲的游动状态，或单龙独舞，引颈摆尾，奋力前进；或双龙头尾相衔，你追我赶，相互戏嬉，生动有趣；或大小双龙面面相视，好像父亲正在跟儿子面授机宜，有说不完的心里话，颇为传神。西汉的螭龙身体粗壮，肌肉发达，头颅扁平，双耳竖直，五官部分集中在前额，双眼突出，眉毛浓密。有的螭龙头顶中央常有一束鬃毛，向后飘扬，使螭龙具有飞动感。螭龙的脊背上有一凹阴线，更突显出螭龙脊背上的肌肉。螭龙四肢屈伸高抬，作前后移动状，肢关节表面有意隆起，显示出肌肉的力量。西汉螭龙的长尾虽比不上明代螭龙的超长形尾巴，但与身躯相比，还是显得偏长。常见的西汉螭龙长尾，一般从后腿关节处开始，向后远远甩出，尾端打成一个小结，似乎是一

陕西出土

西汉螭龙纹玉剑璏

首交响乐的休止符。多数西汉螭龙的长尾作分叉状，有的从尾头就开始分，有的则在尾根分，形成一大一小、一长一短的双尾，妙趣横生。

西汉玉具剑上多有螭龙雕琢。首先在玉剑饰表面以高浮雕形式琢出螭龙的大致轮廓，然后再在其上以阴刻、起突、镂空等多种技巧精雕细刻。形式上依附在剑具的表面，但给人的感觉则是在玉具剑上呼之欲出，产生出一种游离的状态，将螭龙雕琢得活灵活现，形神毕肖，成为中国历代螭龙艺术造型的经典之作，显示出汉代玉雕艺术的无穷魅力。

螭龙纹玉具剑，由于身价较高，大多选用最好的玉料雕琢，有和田玉的，尽可能采用和田玉，没有和田玉的，也尽量采用品质最好的玉料去雕刻。众多螭龙纹玉剑饰中，除长沙、广州出土的螭龙纹玉剑饰可能是由于当地不易找到和田玉料而没有采用和田玉雕琢外，其他诸侯王墓出土的螭龙纹玉剑饰全部用和田玉雕琢。这不仅因为和田玉硬度高，滋

江苏连云港出土西汉玉具剑

润美丽，还因为和田玉是儒家道德的象征物。汉代罢黜百家，独尊儒术，由此可见，汉代对玉料的精心选择也是有深刻的思想文化背景的。

需要指出是，到东汉时期，成套玉剑具逐渐减少，所见玉剑饰也没有西汉玉剑饰精美。六朝时期不见玉具剑，玉剑饰更加少见，偶见玉剑饰，部分还是前代遗物，玉剑饰逐渐退出历史舞台。元明以后出现的玉剑饰，已经没有饰剑佩挂的实用价值，而是专为玩赏需要琢磨的把玩玉，当时将仿制的玉剑璏称为"文王带"，意思是周文王佩戴的玉剑饰。元代杭州鲜于枢墓出土的玉剑璏，不是剑鞘上的饰玉，而是仿制的玩玉。民间

收藏的许多玉剑饰中，相当一部分是明清时仿制的玉剑璏，因中部带孔，有的用作带扣。

楚楚动人的玉带

古代腰间饰玉，除成套的组玉佩、威严的玉具剑外，还有玉带钩、玉带扣、玉带。玉带数量多、纹样精、等级高、延续时间长，只有帝王、贵族阶层才能佩挂，是身份、权力、财富的象征。古代众多玉带可分为明以前的灵活玉带和明以后的定制玉带。

灵活的玉带

腰际佩服带板，美化服饰，起源很早，西周晚期虢国贵族墓等地已出土成套的金带饰。玉带在魏晋南北朝时期已初显端倪，只是配套成组的比较罕见。上海博物馆藏的透雕龙首鲜卑头，是其时玉带具的杰作。从所刻铭文考察，当为南朝宋文帝御用之玉饰。此玉带具是带扣对面的

上海博物馆藏南朝透雕龙首鲜卑头　　　　　唐代玉方銙、铊尾銙

饰牌，与带扣同时使用，可惜带扣已不见。北周鲜卑贵族墓出土的成套玉带具，虽没有成为这一时期的定制，却也是成套使用的，结构较为复杂，为唐代成套玉带具的出现开了先河。

隋至初唐贵重带板，仍以金为主，至显庆元年（656 年）始以紫为三品之服，金玉带板十三銙，是唐代宫廷男性显贵的专用金玉器。目前

考古出土的唐五代玉带板，有七銙、十五銙、十六銙等多种。这反映了唐代玉带板初创时期的情形，也表明唐代虽有使用玉带板的制度，但玉带板实际使用的数量与佩法，与文献记载有很大出入。

唐代玉带板多用新疆白玉琢制，品质较好，质地温润。玉銙多为正方形、半圆形，少见三边平直一边圆弧的铊尾銙。玉銙的纹样构成、表现方式、雕刻技法比较特别。玉銙画面剔地较深，边际微向内倾，或为素面，或饰人物、走兽、花卉等图样。玉銙琢磨时，不出边沿，而是在剔地时留出一点不似框的细边。纹样装饰以压地隐起法刻绘，具有较好的立体感，所雕动物多为西域狮子猛兽，形态各异，别具神韵。浮雕人物最为精彩，高鼻深目，穿着既有汉服，又有胡装。衣服紧窄，盘坐于地毯，或跪地献宝珠，或持凤首银执壶，或畅怀痛饮，或吹奏胡乐，或

唐代玉带扣

上海博物馆藏唐代伎乐纹玉带

引吭高歌，或翩翩起舞。人物及装束明显是西域中亚人的形象。这些情况与《旧唐书》"于阗国出美玉，俗多机巧。贞观六年遣史献玉带"的记载相一致。

五代玉带，目前仅见四川省成都前蜀主王建墓一副，存有方形銙7块，铊尾銙1块。铊尾銙背面镌刻铭文，记载了制作玉带的原委："永平五年乙亥，孟冬下旬之七日，荧惑次尾宿。尾主后宫，是夜火作，翌日于烈焰中得所宝玉一团。工人皆曰，此经大火不堪矣。上曰：天生神物，又安能损乎？遂命解之，其温润洁白异常，虽良工且所未睹。制成大带，其銙方阔二寸，獭尾（铊尾）六寸有五分。夫火炎昆岗，玉石俱焚，向非圣德所感，则何臻此焉！谨记。"王建墓玉带青白玉质，沁蚀较重，

成都前蜀主王建墓出土龙纹玉带

前蜀龙纹玉铊尾铐

前蜀玉铊尾铐背面文字

玉铐不设边框，画面以浮突技法碾琢神态极其生动的龙纹，具有较好的浮雕效果，是这一时期龙纹玉器的代表作。

宋代朝廷玉器的文献记载非常浩繁，记载的种类有六玺用玉、玉带、玉册、帝后玉佩等。宋代玉带板，目前所见有三种形式，其一为雁纹椭圆形玉带板，画面浮突穿云破雾的飞翔大雁，大雁双翅舒展，腾空而翔，以祥云相衬托，神情生动。其二为人物纹方形玉带板。江西省上饶市荣山寺宋赵仲湮墓出土的青玉人物带，玉带铐共8枚，7枚方铐，1枚铊尾铐。每方浮雕一人，人物均以阴线加浮雕技艺刻描，秀骨清像，有魏晋遗韵。所饰人物神态各异，或抚琴弹奏，或捧杯狂饮，或畅怀大笑。从所刻人物形态和所持器具看，应为竹林七贤与荣启期。带纹样的宋代玉带，画面布局多在一角，空白较多，与唐代玉带画面丰满的风格有别，犹如宋马远的"马一角"绘画布局。其三为镂空云龙纹玉带环，亦为腰际饰玉，玉带板下琢磨穿系半环，雕工、形态异常精美。《西湖老人繁胜录》记载了宋代临安一家七宝社店铺所贩玉器的情形："珊瑚树数十株，内有三尺者，玉带、玉梳、玉花瓶、玉束带、玉鹳盘、玉轸芝、玉绦环、玻璃盘、玻璃碗、荣玉、水晶、猫眼、鸟价珠，奇宝甚多。"表明南宋时期玉束带、玉带也可在市场上购买到，这是玉器市场化的重要见证。

玉带是辽代重要的朝廷用玉。辽承五代、后晋皇帝王公服玉束带制度，皇帝朝服、公服或捺钵时穿着服饰，均系玉束带，五品以上官吏服金玉带，可见朝廷用玉不仅不逊于唐宋，反而更加广泛与多样。辽代玉带板地下出土的已有多副，其特点是玉銙数目不一，计有十二、十六、十八枚者。且玉带板厚度略有出入，不其规整，说明辽代玉带板规格不一，似无定式。玉带板大多不饰花纹，光素无纹者居多，四角常以铜钉铆在革带上。

玉带还是金代朝廷的重要用玉。据史书记载，金代皇帝服玉带，琢"春水"、"秋山"之纹饰，以往考古发掘中常有零散出土。但迄今为止比较

湖北明墓出土金代玉带

金代海东青玉銙

完整的一副"春水玉"带板，不是出土于金代墓中，而是出土于明代王公墓中。

金代除皇帝服玉带外，皇太子也服玉带，佩玉双鱼袋；亲王服玉带，佩玉鱼；一品官服玉带，佩金鱼。民间庶人禁用玉带。金代玉带数量既多，形式、装饰也不完全相同，既有纹饰者，也有素面者，常见的玉带使用金钉直接将玉带板铆在革带上。饰纹玉带，可能是皇帝及高官方可佩服，等级较高。

元代对玉带的使用也有一些等级规定，只有正、从一品官可以用

玉，或花或素面，玉带銙数量为八枚。元代玉带名称也有一些变化，双铊尾銙玉带称束带，单铊尾銙玉带称偏带。元代玉带多用和田白玉琢制，纯洁晶莹，玉銙有方形、长方形两种，以四角海棠花瓣状并出宽阔边框玉銙最具元代特色。其雕琢技法是在边沿起两道阴线，边框出现三道阴纹，以中间一道最宽，内外缘两道滚圆，形成富有变化的浮突效果。元代玉带銙纹样装饰也具有特色，边框内呈现出内凹平整地子，中间浮雕花纹，常见三爪凶猛云龙纹。在龙爪及弯曲细部，常见大小不等的钻眼，使其更具浮突效果。

苏州出土元代玉带

定制的玉带

中国古代官阶的标识，常在冠饰、服饰、腰饰上得到体现。玉带是朝廷官员使用最为广泛的玉器，也是腰饰玉器中使用最为严格的玉器。

湖北出土明代龙纹镶金玉带

玉带自唐宋风行以来，至明代达到辉煌的顶峰，数量多，款式相对统一，雕琢精美。

明代统治者为了巩固其封建统治，沿袭旧制，在冠服上用玉来表示等级贵贱，对玉带的使用有明确规定。洪武十三年（1380年）规定：凡帝王、一品文武官、公、侯、伯、驸马或皇帝特赐，方可在革带上使用玉带作为官阶等级装束标志。"蟒袍玉带"是明代显赫高官的典型装束，我们常在明代肖像画、石雕人像、戏剧人物中见到。

明代早晚期玉带制度略有不同。明代早期玉带基本承袭唐宋元风格，玉铐数量多少不一，使用单铊尾铐还是双铊尾铐也没有明确定制。玉带一般由革、铐、铊尾及带扣组成，带铐质料多为白玉，有的还是羊脂白玉。铐的平面形制多呈长方形、方形和桃形，饰纹以云龙纹为主，有些玉带铐还镶以金边。考古发掘的南京明代中山王徐达家族墓，以及明徐达五世孙徐俌夫妇墓，出土不少精美无比的玉器及金宝玉首饰，其中有14枚、17枚玉带多副。

明代玉带的数量是相当多的，有的官吏有数副。河南发掘的明潞简王墓葬,玉带就出土了16副。一些明代贪官以占有玉带作为敛财的手段，如明代武宗朱厚照抄刘瑾家产，得玉带80副，抄钱宁家产，获玉带板2500副，数量多得使人难以置信。

明代中晚期玉带装饰华丽，采用"花下压花"三层透雕技法，最具时代特色。三层高浮雕琢玉技法，艺术特征明显，地子下凹，锦纹繁茂，

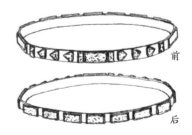

明代玉带佩戴示意图

衬出主题纹样。形象生动的龙纹、花卉纹、鸟兽纹层层烘托，里外展示，淋漓尽致，呼之欲出，显示出明代玉雕艺术的玲珑之美。

真凭实据的印玺

不同的文化传统，培育了不同的信用文化。西方人表示信凭则签上大名，其签名字迹千变万化，独具个性，难于辨别，别人难于摹仿。自古以来，中国人表示信凭多用印玺。印玺的可信度、权威性大于签名，从而形成了中国独具特色、独具魅力的印玺文化。

印玺的特点，是印文可以反复拓印，不改变初形。这种特殊的印制方法，源于制陶技艺。新石器时代陶器的压印花纹，是用陶拍打印出来的。由此得到启发，人们习惯在一些器物上刻上特别的符号，赋予其某些特别的含义，如在良渚文化玉琮、玉璧上刻上山形、火形的符号，这是印的雏型。

玉印、玉玺是中国印玺文化宝库中最重要的部分，说中华玉文化，不能不说到玉印和玉玺。玉官玺、玉私印、元代玉押印是玉印玺中最具特色的类型。

规范的玉官玺

官印是古代各级官吏行使权力的凭据。《说文》"印，执政所持信也"，说明了官印的性质与功能。秦始皇统一全国，在少府设"符节令丞"，专门掌管玺印，规定只有皇帝可用玉玺，百官臣民所用只能称印，而且不能用玉印。"玺"字为皇帝所垄断使用，私印不可再称玺。这是官印制度上的一个重要变化。

秦制定"御府六玺"：皇帝之玺、天子之玺；皇帝信玺、天子信玺；皇帝行玺，天子行玺，各有其用途。秦玺印制度不仅开创了后世监印官的制度，玺印也由实用信凭转为权威、权力、地位的法物。秦代还有著名的玉官玺——"传国玺"，相传由和氏璧改制而成，丞相李斯篆印文"受命于天，既寿永昌"，想以此表明秦统一执政的合法地位。

目前所见汉代官印多为金印，"文帝行玺"、"广陵王玺"、"汉委奴国王"印等均为龟蛇钮金印。考古发现的汉代朱文玉玺，有陕西咸阳出土的"皇后之玺"，有学者认为是西汉吕后用印，白玉质地，通体晶莹，螭龙印钮，四侧刻有云纹，精细优美。

隋唐以后，官印玺发生了一系列变化，品种增加，分为皇帝使用的御玺，百官使用的官署印、百名印等多种。唐武则天认为"玺"与"死"音相近，是不祥之兆，于是改"玺"为"宝"。自此直至清代，御府官印不再称"玺"，大多数称为"宝"，这是古代官印制度上的又一重要变化。五代前蜀王建永陵出土龙钮"高祖神武圣文孝德明惠皇帝谥宝"，可见御印由"玺"改称为"宝"了。

清代玉官印的品种、数量、质量均创历史之最。一方面因为清代皇帝都好玉，喜好用玉琢宝，象征社稷稳固；另一个重要原因是对官印更加重视，乾隆更说过："治宇宙，申经伦，莫重于国宝。"乾隆皇帝根据《周礼·大衍》"天数二十有五"的记载，希望清朝也能传至二十五世，因而钦定御宝二十五种，史称"清二十五宝"，分别是大清受命之宝、皇帝奉天之宝、大清嗣天子宝、天子之宝、皇帝尊亲之宝、皇帝亲亲之宝、皇帝行宝、皇帝信宝、天子行宝、天子信宝、敬天勤民之宝、制诰之宝、敕命之宝、垂训之宝、命德之宝、钦文之玺、表章经史之宝、巡狩天下之宝、讨罪安民之宝、制驭六师之宝、敕正万邦之宝、敕正万民之宝、广运之宝等。清二十五宝多用玉制，少数用檀香木刻，用满汉两种文字篆刻，汉字用篆书。现藏北京故宫博物院的清二十五宝是乾隆十三年刻的御印。清代皇帝发布诏书、敕谕，根据内容都要钤"皇帝之宝"、"敕命之宝"。乾隆皇帝重新排定后的二十五宝各有所用，集合在一起，代表了皇帝行使国家最高权力的各个方面。清玉制御用二十五宝，有大小两种，大者达 19.6 厘米见方，小者每边长 6.8 厘米，有交龙、蹲龙、盘龙三种印纽。清二十五宝平时密藏于紫禁城交泰殿的宝盝中，一宝一盝函。现按原状陈列于故宫博物院养心殿。国家博物馆展出的清代"皇帝之宝"玉印，为满、汉朱文，盘龙钮，清代皇帝颁发诏书皆钤此印，成为中华帝国权威的象征。

　　清代除御用二十五宝外，清宫每个宫殿都有一宝，多为玉制，如"乾清宫宝"、"养心殿宝"。皇帝的日常文艺活动都有专门的宝，如皇帝写书法有"御书之宝"；皇帝欣赏书画有鉴赏宝，如"乾隆御览之宝"、"嘉靖鉴赏之宝"；藏书有鉴藏之宝，如"御书房鉴藏宝"、"重华宫鉴藏宝"。

陕西咸阳出土西汉玉"皇后之玺"

国家博物馆藏清玉"皇帝之宝"

清代"皇帝之宝"印文

清代"皇帝之宝"侧面

皇帝还有自己的闲章，如乾隆的"古稀天子之宝"、"八徵耄念之宝"、"万有同春"等。这些宝印印文都能在清宫收藏的书画、善本书上见到。

多样的玉私印

私印是指私人使用的印章，包括姓名印、箴言印、吉语印、肖形印，代表着个人的信誉及文化艺术修养。

历代姓名私印以铜印居多，玉私印也有相当数量，还有玛瑙、水晶、

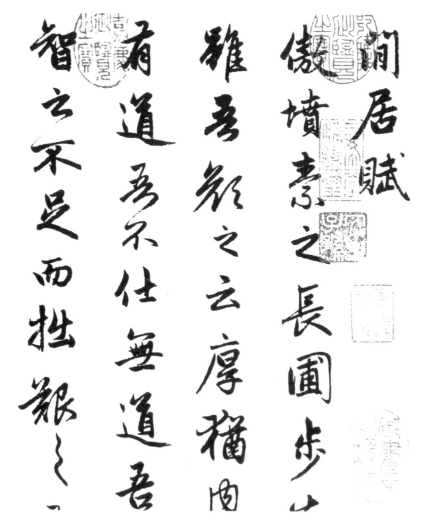

赵孟頫《闲居赋》书法作品上钤有多方鉴藏章

琉璃等私印。

私印的出现，与书信来往有关，周代已比较多见，主要用于封缄文书简牍。当时文书简牍均用封泥，上钤印文，以防泄密。

在中国印学史上，汉代是非常重要的时期，精品层出不穷。汉代玉私印，无论是印形还是印文，比玉官印更加多样，多为覆斗式纽，更加精细，布局变化多端，精品不计其数。印文运用增损之法，笔画繁简省增，印文疏密因情而定，灵活多样。湖南省长沙市出土的"桓启"玉印，白玉质地，晶莹精美，覆斗形钮，为汉代玉私印精品。

宋代以后，私印蔚然成风，出现了以楷书布局的印章，这与文人书画大量钤印有很大的关系。在书画作品中，我们常可以看到当时的私人印鉴，增加了画面的美观，逐渐成为"诗书画印"姐妹艺术之一。宋代著名书画家米芾，画史中载他有六方玉印：辛卯米芾、米芾之印、米芾氏印、米芾印、米芾元章印、米芾氏。考古出土的宋代玉印有玉质印、琥珀印、水晶印等多种私印。

闲章至元代逐渐成为治印者创作的主要对象之一。元代名画家赵孟頫、王冕热衷于印章创作，将中国文人私印创作推到一个新高度。赵孟頫用小篆入印，开一代新印风。王冕开始用花乳石治印，较好地解决了文人治印金玉印材紧俏、硬度太高的难题，价廉物美，便于镌刻。自此文人好刻石印，青田石、寿山石、昌化鸡血石等，都是文人争相搜集收藏把玩的印材。此风一直影响到清代的篆刻艺术，吴门派、皖派、徽派、西泠印派等多用文石入印，自此玉印大为减少。

别样的元押印

在中国印学史上，元代印章非常特别，私印有汉字印、八思巴文印、元押印、花纹印；元官印有汉字印、八思巴文印两种。玉押具有元代玉器特色，也是中国玉器家族中的新宠儿。玉押始于五代，但实物见于元代。

安徽范文虎墓出土元代虎纽玉押

元代虎纽玉押印文

西藏博物馆藏"桑杰贝帝师"白玉印

西藏博物馆藏
玉"大元帝师统领诸国僧尼中兴释教之印"

据记载，元代百官，尤其是蒙古、色目人官员，多不能执笔画押，就以象牙、木刻而印之。宰相及近侍至一品官，得旨则可用玉图书押之，非特赐不能随便使用。据当时制度，一般官吏可用象牙或木押之，而玉押只有一品以上高官并由朝廷特赐方可使用，反映了元朝严格的用玉制度。安徽省安庆市范文虎墓出土的元代虎纽玉押，宽3.5厘米，青白玉质地，伏虎印纽，方形印体，印面浮突阳文"之"形画押符号，应是印主范文虎生前用押。他官至元代尚书右丞，为元代高官，该印反映出元代汉人高官用玉押情况。元代级别更高的官吏使用龙纽玉押。

目前所见元代玉官印，多为八思巴文印。八思巴文是元国师西藏僧人八思巴依照藏文创制的一种蒙古新字，被元代统治者定为国书，推行全国。元至元六年（1269 年），世祖忽必烈下了一道诏书："今后凡有玺书颁降者，并用蒙古新字，仍各以其国字副之。"目前所见元代重要玉官印有"大元国师"白玉印、"统领释教大元国师"青玉印、"灌顶国师之印"、"桑杰贝帝师"白玉印、"大元帝师统领诸国僧尼中兴释教之印"等。

这些元代玉官印，反映了元代统治者对西藏宗教文化、西藏僧人日益崇奉的史实。自西藏僧人于元中统元年（1260 年）被元世祖忽必烈封为国师后，元朝对西藏僧人的崇敬之情日益高涨，所赐封号从国师、灌顶国师至帝师、大元帝师等，等级不断提高。"大元国师"白玉印，边宽 11 厘米，龙纽朱文，系 1260 年忽必烈任命八思巴为国师时所赐之玉印，令其管理西藏地区及全国佛教事务，十分珍贵，现藏西藏博物馆。"大元帝师统领诸国僧尼中兴释教之印"是元帝师玉印，是元成宗铁木儿赐给第五任元帝师扎巴俄色的。扎巴俄色担任元帝师 10 余年。1295 年，元成宗特造五方宝玉佛冠赐给他，同时赐给他这方双盘龙纽白玉印。

驱邪护灵丧葬玉

丧葬玉是上古时期中国玉器的重要组成部分，与古代丧葬习俗、丧葬制度密切相关，在中国玉器发展史上具有重要影响和重要地位。

丧葬玉是指专门为保存尸体而特制的玉器，用以殓尸，古称敛玉，又作"殓玉"。《释名·释丧制》载"衣尸棺曰敛"。"敛"通"殓"。殓，形声字，从歹，表示与死亡有关，本义装殓，给尸体穿衣下棺。

用玉作丧葬，是玉器发展到一定历史阶段的产物，是继装饰玉、礼仪玉之后一种具有特殊用途的玉器，只有当人们认识到了玉石不易腐蚀变质的特性后才会将玉用于丧葬。严格意义上的丧葬玉，是从西周开始的。西周以前的玉器主要为装饰玉、礼仪玉和用具玉。其时墓葬出土的玉器大多数是生前用玉，死后才用于陪葬。所以陪葬玉、随葬玉，严格意义上都不是丧葬玉，西周以前虽也出现过一些含在口中的葬玉，但数量很少，有的生前还佩戴过，因有可穿挂的孔。《逸周书》记载商纣王殉玉四千，这些都是商王的生前用玉，死后才用于随葬，不是专门琢磨的丧葬玉。古代丧葬玉流行的前提，是其时提倡孝道，实行厚葬，希冀通过使用大量玉器殓葬实现尸体千年不朽，在阴间继续享受荣华富贵生活。丧葬玉种类较多，有确保尸体不再看到人世间的"缀玉面幂"；也有保护尸体不朽的玉衣；还有使尸体精气不外泄的"九窍玉"，不使死者空手而去、空口而去的"握玉"、"琀玉"；更有视死如生的成套礼仪丧葬玉。

形象的面幂玉

　　古代将覆盖于逝者面上的玉饰，称为"面幂玉"，大多数用一些带孔的玉石片制成，有的还做出眉、眼、鼻、口形状，并按五官的形象排列，以象征人的脸部。西周丧葬玉的重要特征，是大量"幂目"玉的出现，多以成组形式出现，考古学者常称其为"缀玉面幂"。河南省三门峡西周虢国墓地出土的一套完整的"缀玉面幂"，选用青玉质构件，有形象的印堂、眉毛、眼、耳、鼻、嘴、腮、下颌、髭须等大小14片，并伴以梯形、长方形玉片各22片组成。从大多数玉构件穿孔看，它们在当时可能是缀饰于织品上面，或用线绳相连结到一起，这就是史书中常说

上海博物馆藏西周"缀玉面幂"

山东西汉济北王陵出土玉覆面

的"幂目"形象。

山西省西周晋侯墓地也出土了多套精美完整的"幂目"玉饰，如山西省天马 — 曲沃62号晋侯邦父墓，墓主人头上的"幂目"，用眉、眼、耳、鼻、口等十分形象的50件玉片组成，是西周诸侯墓出土的结构复杂、玉件众多、形象较佳的"缀玉面幂"。上海博物馆等国内外一些大博物馆也藏有完整的西周"缀玉面幂"丧葬玉。

考古发掘中出土的西汉"缀玉面幂"，也有学者称玉面罩、玉履面，数量比较多，过去由于复原工作做得不够，常将玉面罩玉片误当成是玉衣片，降低了其科学价值。近年山东省和江苏省徐州地区考古出土的玉面罩，经考古专家的科学复原，使我们对西汉玉面罩有了更多的了解。西汉玉面罩玉片形状不一，数量不等，大小不同，组合有别，均具五官的形状，显示出玉面罩的本质。这些西汉玉面罩，部分构件是特制的，部分构件是利用老玉、残件改制或拼接而成。山东省济南市长清区西汉济北王陵出土的玉履面，利用一块较大的老玉，特琢成额片、印堂片、颊片、颊中片、唇片、耳片等上下左右对称、形象生动的五官玉片，通体素面，中间隆起的鼻罩，则是利用了春秋西北秦国的龙纹蝉形玉饰，别具样式。

东周时期使用"缀玉面幂"的情况，有文可鉴。《吕氏春秋·知化》载："（吴王）夫差将死，曰'死者如有知也，吾何面以见子胥于地下'，乃为幂以冒而死"。原来吴王夫差用玉"幂目"敛面，是无脸再见忠臣伍子胥。因吴王夫差不听伍子胥的劝谏，使越王勾践有卧薪尝胆、反败为胜的机会，最后吴被越灭亡。

成套的衣棺玉

玉衣是丧葬玉的最高制，是中国汉代丧葬时的着装，在世界丧葬制度史上独一无二。

玉衣由周代"缀玉面幂"衍化而来，是"缀玉面幂"的扩大版和完整版。玉衣在西汉初年正式开始使用，当时称"玉柙"、"玉匣"，完整的玉衣由头罩、上身、袖子、手套、裤筒和鞋组成。考古出土的玉衣已经有20余套，可分金缕玉衣、银缕玉衣、铜缕玉衣、丝缕玉衣等等级，都是使用不同金属线缝制的玉衣。除此之外，还有铠甲形状的玉衣等。

河北省满城西汉中山靖王刘胜夫妇合葬墓出土的两件玉衣是金缕玉衣。刘胜所穿玉衣形体肥大，腹部隆起，工艺复杂，形似人体，全长1.88米，由长方形、正方形、三角形和多边形玉片2498块组成，所用金丝线1100克。江苏省徐州土山东汉彭城王家族墓出土的银缕玉衣，是目前考古发现仅见的一套男式银缕玉衣，全长1.70米，共用玉片2600多块，银丝线800多克。广州市象岗山南越王墓主室棺内出土的南越王衣，共用玉片2291片，玉衣用丝线、丝带缝缀而成，称为丝缕玉衣。以上三件汉代诸侯王玉衣，虽有大小、长短、轻重之别，但缝制工艺基本相同，先是将玉衣的部件分别缝制成形，再在周缘以丝织物镶边，既固定了部件，又增加了美感，更方便穿着。

江苏省徐州北洞山西汉早期的楚王墓，曾多次被盗，残存玉衣片50余片。多数作凸字形鳞甲状，边缘和中部的上下有穿孔，多者一片有7个小孔，其形状和常见的方形、长方形玉衣片不同。凸字形鳞甲状玉衣片，玉质精美，琢工精细，式样特殊，形制特别，需要有完整的设计思想和高超的编缀技术。但目前没有完整的发现，也不见文献记载，经技术专家复原，形状如铠甲，故称铠甲形玉衣。

按汉朝廷丧制，只有帝王、高级官吏及皇戚人员才能享用玉衣，分金缕、银缕、铜缕玉衣，一般都是由朝廷特赐。但从各地出土的西汉玉衣形制、缀缕材料各有不同看，汉代诸侯王都在大量缝制

江苏徐州出土西汉金缕玉衣

玉衣，因而级别不够但有经济实力的地方贵族也穿高级玉衣，曾一度出现玉衣使用混乱的现象。故至东汉时期，汉朝廷不得不对玉衣使用制度作出具体规定。《后汉书·礼仪志》记载，东汉皇帝死后可穿金缕玉衣，诸侯王、列侯、始封贵人、公主使用银缕玉衣，大贵人、长公主用铜缕玉衣。但实际情况并不使朝廷如意，僭越现象比比皆是。

汉代皇帝、贵族使用玉衣殓葬，一直延续到东汉末年。曹魏黄初三年（222年），魏文帝曹丕看到汉代诸陵无一不被盗，金缕玉衣及尸骨全被弃尽，加上国力不济，于是禁用玉衣丧葬。自此，丧葬玉衣制度被废除，田野考古也没有发现过东汉以后的玉衣。

汉代帝王、分封诸侯王葬制，既穿玉衣，还具棺带椁，数重棺椁，以椁固棺，以棺殓尸。《后汉书·卓茂传》："建武四年，茂薨，赐棺椁冢地，车驾素服，亲临送葬。"考古发现证实，西汉诸侯王丧葬均用多重棺椁，多数用的是漆棺，如马王堆汉墓。除漆棺外，还有相当数量的镶玉漆棺。

讲究的窍塞玉

汉代最高等级的丧葬玉是玉衣、玉棺，较低等级的是窍塞玉，有"七窍玉"、"九窍玉"多种。有时穿着玉衣时也同时使用窍塞玉。

"七窍"是指人头面部的两眼、两耳、两鼻孔及口七个孔窍，"九窍"即指人体的两眼、两耳、两鼻孔、口、前阴尿道和后阴肛门九个孔窍。用玉塞盖住七孔窍的玉称"七窍玉"或"七窍塞"，用玉塞盖住九孔窍的玉称"九窍玉"或"九窍塞"。全套的"九窍玉"有眼盖2件、鼻塞2件、耳塞2件，口琀1件、肛门塞1件，生殖器塞套（女塞男套）1件。

考古发掘汉代高等级的墓葬，常有"七窍玉"、"九窍玉"发现。河北省满城中山靖王刘胜夫妇墓出土成套"九窍玉"，有耳塞、鼻塞、口塞、眼盖、肛门塞和生殖器套共九件。刘胜的男性生殖器玉套，是用良渚文化玉琮改制的，更蒙上了一层神秘的色彩。

　　还有一些汉代窍塞玉，只有窍塞，没有眼盖或肛门塞、生殖器塞套，这样只有 5 件窍塞玉，也属"七窍玉"范畴，因为眼盖用其他玉器或织物盖住了。

　　汉代用玉塞盖住窍门，防止人的精气由体内外逸出，冀望完整保存尸体，达到尸体不腐烂的目的。东晋葛洪《抱扑子》："金玉在九窍，则死者为之不朽。"事实上，使用玉衣、"七窍玉"、"九窍玉"丧葬，没有达到尸体不腐烂的效果，而是大部分尸骨荡然无存。那些尸体真正保存完好的墓葬，是由于特殊的墓葬环境、丧葬方法、棺椁材料等条件使然。

玉眼盖

玉鼻塞　　　　　　　　　玉耳塞

玉珨

玉肛塞　　　　徐州出土　　　　玉阴塞
西汉"九窍玉"

生动的琀握玉

古代窍塞玉中，最重要的是琀玉。《后汉书·礼仪志》记大丧需"饭含珠玉如礼"。《礼稽命征》说："天子饭以珠，啥以玉"。汉代以前的琀玉，不具形式，不拘大小，比较随意，只要是玉即可含。汉代琀玉，以琀蝉为主。

玉蝉是古代非常生动有趣的动物玉器，萌芽于新石器时代，成长于商周时期，盛行于汉代，衰弱于魏晋。玉蝉用途有三：佩蝉，供人佩挂，孔多在顶端，多为对穿的象鼻形孔；貂蝉，衣冠上的佩饰，穿通心孔，便于缝制在冠沿；琀蝉，含在死者口中，一般没有穿挂的小孔。也有用穿孔的佩蝉用作琀蝉的，玉器性质虽不同，含义却一样，故汉代玉蝉中，一器两用现象特别多。

蝉在古人眼里是一种神奇的季节性益虫。蝉之幼虫，入土变蛹，强壮后又从土中复出，蝉蜕成活。蝉意味着"复活"、"转世"、"再生"。死者口含与真蝉形制一样的玉蝉赴黄泉，用于表示人的躯壳虽死，其灵魂正可脱离污秽的躯体，开始高洁的新生生命。把琀蝉放入死者口中，祈求精神不死，既安慰了死者灵魂，不使其空口而去，也使生者得到慰藉。

汉代琀蝉出土较多，传世玉器中，汉琀蝉数量也不少。汉代琀蝉小巧玲珑，长度在5厘米左右，形象生动，刀法简练。西汉、东汉琀蝉的风格有所不同。西汉时期有的琀蝉仅琢边线和背脊，身上不施任何花纹，是高度概括的抽象艺术。有的蝉精雕细琢，蝉头双眼圆鼓突出，蝉尾和翅翼呈三角形锋尖。蝉背以数道阴线饰蝉首和双翼，蝉腹一般以四道刚劲有力的线交绘成"汉八刀"纹，加上数道横阴线，把蝉腹的伸缩功能刻画得惟妙惟肖。线条流畅，遒劲出锋，形象清新，是西汉琀蝉的特色。东汉玉蝉的头部呈山峰状，双眼突鼓，似有脱离身躯之势，双蝉翼斜收，身体更修长，蝉翼尾部尖锐。"汉八刀"遒劲流畅，头与身部的突弦纹也是刚劲有力，呈现出东汉玉雕"小刀也阔斧"的艺术风格。

汉代另一有趣的丧葬玉是双手握玉，多为玉握猪。与琀蝉一样，西汉、东汉玉猪也有明显的区别。西汉玉握猪，玉质多为青白玉，大多数受沁，玉材石感明显。西汉玉握猪呈长条形，身体略肥胖，形象生动，形体俏美，四肢屈伸，身体重心在四肢上，大多数呈快跑状，与东汉玉握猪卧状姿势明显有别。西汉玉握猪嘴圈上拱，并有三四道圈纹，鼻孔内凹，双眼圆鼓，小尾上卷贴身，写实风格明显，招人喜爱。

玉握猪在东汉时期仍流行，但形态特征与西汉玉握猪有所不同。东汉玉握猪玉质较好，大多数为新疆和田玉，有的还用上等白玉琢制，内蕴精光，光泽宜人，保存完好，沁蚀相对较少。东汉玉握猪，一改西汉玉握猪形态逼真的写实风格，向抽象、写意方向演变，身体为圆柱形，呈卧伏状，头、尾两端平直，腹部也呈水平状，以"汉八刀"阴刻线琢出猪的双耳、四肢及各部位轮廓。一般琢小三角形突出尾部，上琢小孔，时代特征非常明显。

中华民族是爱猪的民族，猪被尊为十二生肖之一。这不仅因为猪形象朴拙可爱，还因猪是财富的象征，早期先民常以拥有多少猪来衡量一个家庭的富裕程度。生者佩挂玉猪，等于背上一身财富；死者手握玉猪，表示不空手而去，可继续享用财富，恰似带走满身财富。

江苏连云港出土西汉玉握猪

艺道：他山之石，可以攻玉

越是特殊的造型艺术，所用的工具与技法就越特殊，中国玉器就属特殊的工艺美术，因为世界上一些高难度的琢玉技术，只有中国玉匠掌握，而且也只有少数高水平的玉雕大师掌握。同时，中国玉器魅力无穷，使用简易的工具能使雕刻水平达到巧夺天工的艺术境地，这一点至关重要。

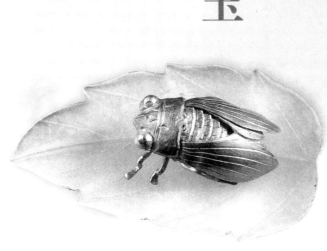

简易的工具

　　任何造型艺术，都有其自身的工艺特点，选用独特的材料，使用与众不同的工具，塑造众多的形象。越是特殊的造型艺术，所用的工具与技法就越特殊，中国玉器就属于特殊的工艺美术，因为世界上一些高难度的琢玉技术，只有中国玉匠掌握，而且也只有少数高水平的玉雕大师掌握。同时，中国玉器魅力无穷，使用简易的工具能使雕刻水平达到巧夺天工的艺术境地，这一点至关重要。分析中国八千年玉雕工艺史，琢玉工具虽然比较简易，但种类还是比较多的，主要有用于开料的切玉工具，用于打样打孔的钻孔工具，用于雕刻各种优美纹样的碾纹工具，有起实际解玉作用的优质砂，还有方便工具使用的操作凳等。

剖玉工具

　　用玉料琢成玉器，无论是用多棱多角的山料，还是用相对规则的山流水玉料，或是选用圆润的籽料，都先要把玉切割开来，通称切玉、剖玉或剖料。那么，用什么工具把玉料切割开来，把大玉料剖成雕刻需要的小块玉料，尤其是还没有金属工具的远古时期用什么工具剖玉，更是好玉者关心的问题。

通过考古出土玉器的微痕观察结果以及实验考古学验证可以看出，古代剖玉都用锯，有弓锯、片锯、砣具三种。

用锯线扣在弓的两端所制成的锯具，是为弓锯。由于弓锯使用的锯子是线，所以弓锯切割玉料，也称线切割。线切割可以剖玉料，还可以在玉器上镂空纹样，或在玉器边缘切开缺口。弓锯由线锯衍变而来，两者的区别在于锯割方法，弓锯来回切割依靠弓力，线锯来回切割需要拉力，但两者留下的切割痕迹有共同的特点，即线面起伏不平，线纹细密排列，线条呈抛物线状。线切割玉料，在新石器时代已经广泛使用，兴隆洼文化玉器、良渚文化玉器上有明显的线切割痕。

片锯，就是使用砺石反复磨成的片状锯，犹如石刀，大者可以手持直接使用，小者可以嵌在木柄上使用。片状锯刃部一般呈弧形，刃薄背厚，所以剖玉时留下的缺口呈 V 形，在新石器时代及商周时期的很多玉料、玉器上常能见到。

内蒙古出土兴隆洼文化玉器的线切割痕

清代剖玉图

砣具是古代最常用的剖玉工具。砣有石砣、金属铊等多种，用石磨成的称为砣具，用铁磨成的称铊具，一般情况下，"砣"与"铊"通用。砣具呈圆形，周边外缘为弧刃，剖玉时需要固定在砣柄杆上，并以轴带动柄杆，使砣具来回转动起来。由此可见，砣具是一个机械装置的锯，结构较复杂，转速较快，剖玉微痕均为同心圆弧状。从大量玉器微痕观察结果来看，砣具使用比较早，但如何装配使用，目前只能见到明代或明稍前的使用方法。明宋应星《天工开物》附有带砣具的"琢玉图"，并载："凡玉初剖时，冶铁为圆盘，以盆水盛沙，足踏圆盘使转，添沙剖玉，逐忽划断。"这个琢玉图，实际上就是使用砣具的剖玉图。

需要指出是的，剖玉用锯，无论是弓锯，或是片锯，还是砣具，锯刃均无锯齿。因为玉料硬度高于锯，剖料时需加解玉沙与水，起实际研磨作用的不是锯本身，而是硬度高于玉的解玉沙，水则是润滑剂。

钻孔工具

无论是新石器时代的多孔玉璜，还是明代的多层雕玉佩，均呈现出玲珑剔透的感觉。玉器上的孔，有镂空、钻孔两种。镂空一般是由钻孔形成小孔后，再线锯逐步扩大成形的。玉器钻孔工具，有实心钻与空心钻两种，古今均使用。

琢玉钻孔实心钻，也称桯钻，一般呈圆柱形，由钻身、钻头两部分构成，钻身根据操作需要可长可短，钻头呈锥形，故所钻孔呈漏斗状，上大下小。为了提高钻孔的效率和正确性，实心钻也可装柄使用，形成拉杆式实心钻，类似后世木工使用的钉钻。实心钻也可用来琢磨玉器表面的窝形装饰或动物的眼睛，广泛使用于汉代以前的琢玉工艺。

考古发现表明，新石器时代就已广泛使用实心石钻，不仅发现了玉器表面有钻痕、钻孔的遗迹，也有石钻实物出土。安徽省凌家滩遗址一座墓葬中出土了一件新石器时代中期的石钻（编号9823:6），通长6.3厘米，黄褐色，岩屑砂岩。钻柄呈不规则形，两端各有一个粗细不同的螺丝状钻头，钻头长0.3至0.5厘米。此石钻柄大钻小，使用时借助惯性可以加快旋转速度；钻头置于两端，形状不一，一钻两用，便于操作；螺丝状的钻头，既容易定位，又能提高效率。石钻本身还是一个可以将玉器打磨光滑的砺石，因为砂石本身就是最好的打磨材料。这是目前中国考古发现的形状最规范、功能最明确、时代最早的琢玉实心石钻。类似的

安徽出土凌家滩文化石钻

具有实用功能的玉石钻头，在良渚文化、石家河文化遗址中，也有一些发现，表明实心钻在古代是广泛使用的琢玉钻孔工具。

琢玉的另一个钻孔工具是空心钻，使用方法是管钻。管钻技术在新石器时代中期就已发明，至新石器时代晚期的良渚文化、石家河文化、龙山文化玉器上已经广泛使用。田野考古还没有发现新石器时代的管钻，但用管钻钻出来的玉器孔芯，在凌家滩文化、良渚文化遗址墓葬中已有较多的发现。从这些玉器内孔玉芯可知，早期玉器内孔，一般使用圆管一面钻或两面对钻。两面对钻内孔，一般会在孔壁中间留下台痕，这一方面是对钻孔错位的缘故，另一方面也是由于管钻材质较软，钻孔过程逐渐磨损所致。从玉器孔壁微痕观察，早期的管钻可能用竹管或骨管，一般呈圆形。人类掌握金属冶炼技术后，一般会使用金属管。但无论什么材质的管钻，钻孔时均需要辅助沙水，否则管钻无法来回转动，起不到钻孔的作用。

杭州市余杭区出土
良渚文化玉器钻孔痕迹

琢纹工具

中国玉器琢纹工具主要有雕刻刀、铊子两大类，根据所琢磨的纹样和部位的不同，又可细分为多种。

从工具发展史和玉器纹样风格分析，雕刻刀主要用于上古时期特别是新石器时代玉器的纹样琢磨。良渚文化玉器上纤细又严谨的纹样，是用雕刻刀反复琢磨出来的。这些雕刻刀，实际上也不是严格意义上的刀，而是用硬度较高的尖锐器装在木或骨质小柄上，形成方便使用的雕刻器。考古发现的早期尖锐器，主要由燧石、玛瑙、玉髓、石英等硬度较高的石材打制、磨制、雕刻而成，尖端相当锐利，可以划动硬物。也可能使用鲨鱼牙、金刚石作为玉器雕刻刀，前提是要能找到这两类不易获得的东西，沿海地区的考古遗址中曾发现过鲨鱼牙。总之，古代用于琢磨玉器纹样的雕刻刀是多种多样的，各地琢玉所使用的工具不完全相同。

《山海经》等文献曾记载，古代有一种割玉如割木的昆吾刀。《列子》记载西周穆王曾从西戎获得了一把昆吾剑，用之切玉如切泥。《太平御览》等书还载，古代天竺、大秦国出产金刚石，用金刚石制作的削玉刀，削玉如铁刀削木，可割玉、刻玉。以上记载均说明昆吾剑、削玉刀非常锋利。现在学术界一般认为，所谓昆吾剑、削玉刀，就是用金刚石加工而成的玉器雕刻刀，或是百炼钢刀，在古代并非普遍使用，对其使用的记载带有不少夸张、附会、传说的成分。

还有一种琢纹工具是砣子，类似大钉子，一端是圆形砣子，另一端带柄。砣子实际上是小型砣具，以柄带动砣子，可以在玉器表面琢磨出纹样。由于玉器纹样有线条、图案、人物、动物、植物、器物等多种，工艺又有线刻、起突、浅浮雕、高浮雕、圆雕等多样，适合这些图像、工艺的砣子也是非常多的，有铡铊、錾铊、勾铊、碗铊、轧铊、钉铊、冲铊、膛铊、弯铊、磨铊等。使用铊子琢磨玉器纹样，与剖玉一样，也需要辅助沙与水。

铊子使用较早，虽然田野考古没有发现确实的琢玉铊子，但从商代玉器上的勾线纹以及器皿玉器看，商代已经使用钉铊、弯铊琢玉。时代越晚，玉器装饰及工艺越复杂，铊子类型也就越多，直至近代琢玉使用数十种铊子，甚至还用木砣、皮砣、毡砣、布砣等砣子为玉器抛光润色。

明代琢玉图

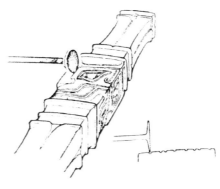

商代玉器琢纹示意图

玉作凳

琢磨玉器需用许多工具，还需要一个工作平台，上古时期是砣机，中古时期是作凳，现代是琢玉机。

将砣具架在木质架子上，形成一个以轴带动砣具转动的机械装置，称为砣机。结构比较简单，可以随处安放，席地而坐就能工作。由于砣机多用木材加工而成，不易保存，故极少。但从古代玉器工艺的规模、水平来看，砣机应是广泛使用的。

作凳是坐式家具发明以来的琢玉平台。隋唐以来，人们已从席地而坐改为垂足倚坐于凳椅。随着立式家具的推广，琢玉砣具已趋完善。作凳分水凳和干凳两种，水凳用于切玉琢纹，干凳用于抛光整理。从《天工开物》的图和文字可知，至迟明代，琢玉时铊具已架在水凳上，手足并举，双足踩动水凳踏板，使皮带转动，轴带动铊具来回旋转。这种水凳铊具在中国已使用上千年，一凳多用，可以用于剖玉、琢纹、抛光成器等全部琢玉工作过程。大大提高了琢玉生产力，使一些大件玉器、高难度玉器的雕琢成为可能，是中国玉器兴衰的见证物。直到近代电动玉雕普遍后，它才走进了博物馆，成为历史文物。

规范的流程

规范的行业标准，完善的工作流程，是工艺美术获得健康发展的重要前提。古今的琢玉工艺不尽相同，因而琢玉的流程也不完全一样，但一些基本工艺顺序是古今相似相通的。从一块粗糙的坯料到一件精美的玉器问世，需要经历原材料处理、设计定形、雕刻成器、修饰抛光等工艺流程。

相玉论艺

相玉如相马，慧眼才能识宝。历史上有不少相玉的故事，如千古流传的楚王相卞和所献玉璞的故事。辨玉者，是智者；蒙玉者，是蠢材。相玉首先要区别不同的玉料工艺性能，辨识其外在形态，判断其内在品质，犹如辨别不同的人种，既要看外貌特征，又要看内在气质。

玉料中除了前文已提到过的山料、山流水和籽料外，还有一种被称为玉璞的原材。璞是指包在石中而尚未雕琢的玉石，或指蕴藏着玉的石头。无论是玉中蕴石，还是石中藏玉，璞的显著特征是外面均有厚厚的一层皮。所以显得自然、淳朴，给人神秘的感觉。成语中的璞玉浑金、返璞归真，均含注重未加修饰的天然美质之意。玉璞可能是山流水玉料，也可能是籽料，常见者是籽料。

徐州汉墓出土玉璞皮

除山料、山流水、籽料外，还有一种叫戈壁料。戈壁料与籽料差不多，由于长期在戈壁滩上风吹沙打，不断滚动，表面布满了小窝点。戈壁料的表皮在与风沙的搏斗中早已支离破碎，留下的是久经考验的精华。因而戈壁料的玉质非常好，即使不抛光，也油脂汪汪。汉、元时期的北方游牧民族玉器，多用戈壁料雕琢，益显精美。

找到好玉料后，需要对原材料进行工艺处理，主要是对玉石材料的种类、品质、大小、形状、色泽、纹理、皮壳等诸多因素进行综合分析，或按质分档，或依形分类，或循色分级。根据所琢玉器设计要求，要将大料切成小块，或将小块料发挥出大料的作用。根据山料、山流水、籽料等玉石材料的工艺特性，充分发挥出材料的特长，雕琢出更符合材料工艺特点的玉器佳作。

构图成形

一块好的玉料来之不易，要在好玉料上施以合适的工艺，雕琢出一件好作品，更是难上加难。构图成形，用现在专业术语来说是艺术设计，是获得一件理想玉器作品的基础，是显示玉器作品艺术主题、思想内涵及美学情趣的关键。玉器设计的要点是充分发挥原材料的优势，挖掘出玉料内在的潜力，最大限度地利用玉材，将玉料用好、用活、用巧、用足，逐渐形成一些重要的玉器设计原则。平面玉器设计较易实现，因为设计意图可以直接描绘在玉料表面，便于琢磨。但多层浮雕或圆雕玉器，设计图样很难一次完全表达出来，需要设计者与制作者在玉器加工过程中共同来完成。现代玉器产品的设计师与工艺制作师虽有分工，但需要密切合作，有些无法在图纸上表达的内容，更需要设计师做到"意在笔先"、"成竹在胸"。但在远古时期，设计师与工艺师可能是同一人，因为我们从西南少数民族工艺家那里可知，他们往往一专多能，画样、制作，样样都是行家里手。唐宋以后，由于玉器造型与图纹越来越艺术化，与绘画的结合越来越密切，此时玉器的设计与加工应是分开进行的，当时一些名画家还参与了玉器的设计。

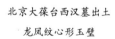

北京大葆台西汉墓出土
龙凤纹心形玉璧

雕刻成器

玉器设计反映的是图形规划、绘画水平的优劣，也反映对材料的利用能力和对形象的尺度把握。玉器雕刻体现的是玉器的加工水平，是能否准确实现从图纸到实物的能力。玉器的地域风格、时代风格以及工艺师的个人艺术风格，在雕刻成形过程中会体现得一览无遗。按规范的玉石工艺琢磨要求，玉石加工至少包括以下步骤：

（1）实材勾样。俗称"画活"。就是根据之前的设计，在玉料上勾画出形象的具体位置与结构，进行加工前的艺术构思。

（2）切块定位。俗称"剌活儿"，是用锯或铊具，将玉料上多余的部分切下去，使玉料表面出现相应的块面。在每一个具体的块面中，都孕育着形象的相应部位。

（3）推落派活。推落，原本是流行于北方地区的绘画术语，雕刻行业也多沿用。就是玉器初加工过程中向纵深方向推进之意，使玉器平面与立面之间的关系更加合理。派活，又叫安排细部，是玉雕行业的术语，是指在相应的块面上，先浅浅地做出具体形象的轮廓线，并在纵深方位上找出结构上的相互关系。

（4）细坯。又叫"找细"，就是利用各种轧轮、勾铊对形象进行准确而细致的琢磨加工。做细坯工艺，是区别玉器工艺师初学者与技术熟练者水平的关键所在，有较高的要求，需要做到见面留棱，以方易圆，打虚留实，留料备漏，先浅后深，"颈短肩高"等要求。

做细坯的工具也是多种多样的。主要工具有铡铊、錾铊、冲铊、磨铊、轧铊、钉铊、管钻、钻石工具等。

苏州博物馆藏明代三羊开泰玉屏

（5）精细修饰。就是在细坯的基础上再进行修整，不仅要把形象刻画得更准确、更细致，而且还要把装饰纹样用勾铊勾勒出来。

抛光至美

抛光是玉器雕刻中一道十分重要的工序，是玉雕区别于其他雕刻的特色工艺。抛光工艺不仅要去糙磨细，罩亮清洗，更要用特别的抛光材料抛出永久的奇妙的玉光色泽。玉石的材质美，玉器的工艺美，要通过抛光工艺才能充分显示出来，同时也符合人们对玉石以光滑为美的审美要求。

特殊的技法

中国工艺美术史上，玉器属琢磨工艺。中国文化艺术史上，玉器属雕刻艺术。雕刻艺术就有雕刻艺术的特点，有雕刻的材料、雕刻的工具、雕刻的方法、雕刻的语言、雕刻的风格、雕刻的意境等。玉器属雕刻艺术，又不同于一般的雕刻艺术，有它自身的特殊性。作为雕刻艺术的玉器，在用料、成形及工艺方面，有玉尽其材、小中求大等诸多与众不同、独辟蹊径、别具匠心的特殊技法。

玉尽其材法

中国玉的蕴藏量虽然在世界上是数一数二的，但由于中国玉矿分布不均匀，多在人烟稀少的边远地区，多在玉器工艺不发达的地方。也就是说，琢玉的地方大多不产玉，即使有玉，蕴藏量也不多；产玉的地方大多不琢玉，即使琢玉，水平也不高。这就造成了玉器主要加工地的玉料紧张状况，古人早就发出了玉"难得"的感叹。玉来之不易，就省着点用，古人在玉尽其材方面创造了很多有益的经验，现在不少比较先进的技法，在古代早就使用了。

（1）按质施艺。由于产地不同，所含的成分不同，导致了玉品质的不同。因为有色泽的深浅之分，硬度的高低之别，密度的大小之差，造成了玉相的优劣和玉值的贵贱。在各种不同的玉质上施艺，直接关系到玉器的艺术效果的好坏及经济价值的高低。因此，"按质施艺"是玉器加工中一个非常重要的原则，它要求根据玉质的粗细、软硬、韧脆、色泽和价值等因素综合起来考虑，恰当施艺，雕刻不同的玉器。按质施艺也是古玉加工中经常遵循的一个原则。

在大量的古玉中，对质坚性韧、质坚性脆、质松性软的玉材，分别施以不同的雕工，琢成不同的玉器，或派不同的用处。

河南省安阳市殷墟妇好墓出土的象牙杯，上面雕刻有图纹精细的蟠虺纹，在图纹的主要部位及肩、底部的分界处，分别用细小的绿松石镶嵌在象牙杯身，突出了牙杯身上花纹的效果，在平面上形成了立体感。夏商时期的玉匠之所以主要用绿松石嵌在青铜、象牙、漆器等玉器的表面而不用其他玉材，主要原因是绿松石性脆而软，质地细腻，光泽柔美，孔隙度较大，孔隙里含水率达 18% ~ 20%。用绿松石作器物上的装饰玉，便于将其随心所欲切割成所需装饰图案的形状，便于拼嵌、粘嵌、固定，有利于显示出玉石装饰的艺术效果，醒目而明媚。

古代琢玉"按质施艺"，不仅在绿松石工艺上应用得体，还能区别对待各种玉材。在优质的白玉、黄玉、青玉上，常精雕细琢，刻上精美异常的花纹。如良渚文化的玉琮、红山文化的玉龙、周汉时期的动物形玉佩，唐宋元时期的花鸟形玉佩，无不用上等玉料雕刻。因这些玉料不仅坚硬，而且还有较大的韧性，适合雕琢精细的花纹图案。古人将品质较次的玉材加工成丧葬玉，只求形状，不求雕工、纹样。总之，"按质施艺"遵循了玉材与工艺、与玉器功用两者的有机统一，是古代普遍认同的琢玉理念，应用广泛，体现了古人的高明之处。

（2）因材施艺。玉雕艺术除强调玉材的性质外，还要注重玉材的天然形态、自然纹理、固有色泽，在因材施艺方面有它的独到之处。

河南省安阳市殷墟妇好墓出土的玉臼，利用一块较为粗大的椭圆形天然玉料，在一端截去一半，加工成玉臼。臼膛掏出的内心，做成研磨用的杵，随形施艺，玉料得到合理的使用。同出的一件绿松石鸽，是利用天然石材，几乎没加雕琢，一件绿松石鸽呼之欲出，鸽体表面的固有沁泽依稀可见。

从考古资料分析，"因材施艺"的玉器，所用多为上等和田籽玉，多雕刻成动物形。因动物玉器多为圆雕作品，用合适的籽玉更能显示出玉器宛若天成的魅力。

四川三星堆博物馆藏
商代切割的玉料

（3）量形取材。天然玉材中籽玉块体较小，可以不分割玉料，依玉料大小雕琢成小件玉器。山料玉、山流水玉体量均较大，一般会超过一件玉器所需的料，于是需要将其分割。现代玉雕厂通常的做法，是将大料先切剖成若干小料，供雕琢时选用，较为方便。但由于不是"按需取材"，这样势必有或多或少的边角料玉成为弃料，造成浪费。古代大多数情况下也是用这种方法切剖玉材、获取玉料的。江苏省徐州市龟山西汉墓以及明代定陵出土较多的被切割过的玉料，就是例证。

除此以外，古代还有一种剖玉用材的方法。三星堆博物馆内陈列着几块从遗址旁鸭子河中捞出的山流水玉料，大的轮角已被磨掉，但山料玉的特性还可以看到，在料的表面还有人工切割过的痕迹。比如其中有一件带有玉戈的痕迹，长约十公分，从痕迹看，与商代玉戈接近。另一块玉料上的切割玉痕扁长，应是切剖璋类玉料留下的痕迹。由此可以认为，三星堆文化时期的玉匠，曾利用过这些玉料，从大块山流水玉上切割所需的玉材，琢成玉器。这种根据所琢玉器需要，从大料上获取玉材的方法，我们称之为"量形取材"。这样不仅可以节省更多的玉材，减少不必要的浪费，还可以节省切剖大料所费的人工，一举两得。

（4）套材大用。在古代玉器工艺上，套材技艺也较多使用，玉雕行业俗称"掏活"。这包括两个方面，一是玉料的套料取材，即在解剖玉料时力求留优去劣、显瑜掩瑕。这方面的工作在开料坊中已做完，现在还在广泛使用。二是玉器加工过程中如何在玉坯上进行巧妙的套材设计，最大限度地利用玉材，雕琢出更多、更庞大、更完美的玉器来。

1983年广州市象岗南越墓出土的铜承露盘高足玉杯，是汉代一件典型的套材玉器。此玉杯由杯身、杯足、杯托三部分组成，杯身的外径与杯托的内径几乎相等，可以将杯身套在杯托中，杯身应是从杯托中套出的。杯足的部分应是用杯身内掏膛出的玉芯加工成。由于芯位于料的中间，故玉质很好，凝脂生灵。玉杯本为一块不大的和田玉料，应用了套料取材技术，小材大用，取得了很好的艺术效果。同出的玉盒，也是用同一块整玉套材而成，盒身内掏出的玉料大多琢成了玉剑饰。

（5）余材活用。现在玉雕厂做大件玉雕切割下来的余料、碎料、边皮料，决不轻意弃之，而是千方百计加以利用。在玉材紧张的古代更是如此，不仅是大材的余料充分利用，就是小材成器的边角料也不放弃一点，达到了惜玉如金、点玉不弃的地步，做到了余材活用。

良渚文化璧琮孔内的余料常琢成更小的玉环、系璧等，再将更细小的碎料琢成玉粒，粘嵌在漆木器的表面，作装饰玉用。澳门黑砂遗址发现了一处玉玦作坊遗址，其中也发现了环中石芯琢成小环再次利用的资料。安徽省含山县凌家滩20号墓出土111件玉芯，形状不一，均为钻孔或镂空切下的剩料。这些不大的边角玉料，虽然成不了大器，但凌家滩人没有丢弃，继续留着，不是准备再琢它器，就是视为有价值的东西加以收藏。

（6）修补再用。现代人很少会愿意使用经修补的玉器，这是因为现在玉器来源较易，更重要的恐怕是受了中古以后玉德观念的影响，"宁可玉碎，不能瓦全"，使用碎玉似乎是人的道德有问题，不吉利。但在上古时期并非如此，经修补过的玉器照样使用。这些玉器中既有普通玉佩饰，亦有玉礼器。可见远古时期与中古以后的玉德观有所不同。

较早的修补玉器，见于南京北阴阳营文化。北阴阳营文化出土的玉璜、玉玦，有不少是经过修补的。59号墓出土的玛瑙璜，近中间部位被折断，古人就在璜背侧断缝隙处的两侧琢两条圆弧的凹槽，用线加以固定。从正面几乎看不出修过的痕迹。46号墓出土的玉玦，也是被折断的，修补的办法是，先在断缝的两侧打两个竖小孔，再在玦的外侧两孔间琢一个凹槽，穿补的线就荫蔽在孔槽内，使用时不暴露在外，不影响美观，反映出北阴阳营人较高的玉器修补技巧。

广州南越王墓出土
西汉玉龙金钩

广州象岗南越王墓出土有多件修补过的玉器，值得一提的是金钩玉龙。玉龙呈S形，是西汉早期常见的玉龙形式，可惜玉龙成器后不久，龙尾不幸被折断，不得不进行修补。修补时先在断口两边各钻三小孔，以线联缀。再铸一虎面金钩，通过虎口套鋈，将金钩套入玉龙尾，形成了龙虎争斗的图纹，出神入化。虎口上镌一"王"字，表明了金钩玉龙使用者至高无上的身份。这一妙手回春的修玉技法，既掩盖了玉龙残断的不足，又使玉龙的品位得到了升华，反映出南越国的金玉技术确是不俗。修补玉龙的花费不比再琢一件玉龙低，若有充足的玉料，也许并不需要这样做，这是不得已而为之。可见当时南越国的玉料是何等的缺乏。

（7）改制它用。在古代，被破坏但没有缺损的玉器，能修补的尽量修补，以便再用，这样可以不改变玉器的原有性质。破损较重或有缺损的玉器，实在无法修补，就改作它用，但多数玉器已改变了原来的性质。被改制的玉器，有的改成一件，或式样依旧，或稍有残缺；有的改成数件小玉器，实在不能成器的，就作其他玉器的部件使用。汉代以前被改制的玉器是很多的，西周玉器改制实例更多。

陕西省扶风县黄堆31号西周墓出土的一件玉鱼，形体扁薄，身部较宽，刀法简略，仅在三角形处上边琢一圆孔，内嵌一块黑色石圆片，表示鱼目，三角的尖端就算是鱼嘴了。玉质沁泽较重，似为一老玉，本应为刀璋类玉器，残断后改制成玉鱼。江苏省苏州市吴中区严山出土的一件春秋吴国玉挂件，上面为浅浮雕蟠虺纹，一侧带有绞丝纹，明显是利用残璧改制而成的。安徽省寿县赵家老孤堆出土的一件战国楚式玉觿，器形细长，头部琢出龙首纹，身部花纹不一，主体花纹为战国时期常见的勾连云纹，一边带边缘，另一边没有边缘，花纹还有缺损的现象，应是由战国勾连云纹玉璜改为玉觿。

小中求大法

上述种种颇具匠心的玉器加工、修补、改制技法，目的非常明确，就是为了充分利用玉材，花最少的玉料，琢更多的玉器，让玉材得到最大限度的利用，玉料的价值得到合理的体现。

好玉不易得，大玉更难求。玉能雕不能塑。由于大多数玉工得到的籽玉体量普遍较小，小玉不能变大，雕琢大一点的玉器就有困难。再难，也难不倒实践出真知的聪明玉匠，他们有办法能用小玉材做成大玉器，创造出了几套独具特色的小中求大的雕玉技艺，弥补了玉材块体普遍较小的不足。主要做法有以下几种。

（1）串联成形。串联成形，就是将若干不同的单件玉器有机地组合在一起，构成一件新颖玉器。基本串法有明串、暗串两种。明串，就是用线将玉串联在一起，或用皮革、织品把玉按需要排列穿缀在一起，这是较为普遍的一种串联法，从新石器时代的复合玉项饰，到周汉时期的玉组佩，以及唐宋元明时期的玉带板、清代的玉朝珠，都是串联成组的玉器。串在一起的玉器，有的是从同一块玉料上切割下来的，更多的则不是一块玉上的料，而是由数块不同的玉料琢成相同或不同形式的玉件，构成一件洋洋大观的组合玉器。

古代串联玉器，还有一种串法，是用一块小玉，先做出外形，再分割成若干件形状、大小相同的玉器，串联在一起，成为一种新式的体量较大的玉器。如南京北阴阳营出土的两节玉璜，从接缝处观察，有的是自然断痕，有的没有自然断痕，有琢磨过的痕迹，同时接缝处又有一定的空隙，也排除有意人为切断的可能。我们推测，这是在一块小玉上琢成两节半璜形式，然后用线将两半璜连在一起，就形成了一件整玉璜。陕西省扶风县太白乡高家嘴西周窖藏出土的玉璜三联璧，本为三分之一的玉璜，将其一剖为三后，成为三璜玉璧，合之为璧，分之为璜，以小见大。这种串法是明串法。

用暗串法组合的玉器表面看不出是串联的，通常的做法是用一块不大的玉料，根据需要切割成若干不同的小块玉料，雕琢出可组合在一起的玉器，中间掏空，用铜片或铁条通贯全孔，固定全器。以汉代的玉带钩、玉璜较为常用。1950年河南省辉县出土了一件云兽纹玉珩璜，体呈线弧形，扁平状，全器由七块四种不同形状的和田玉组合而成，器表沁成青白色，局部呈铜锈色。中间一块近方形，器表阴刻蟠虺纹，上面对琢可系穿的一小孔，下面透雕一兽形。左右两侧呈对称状分布，依次为龙身、龙首和卷体龙。中间的方形玉和左右的龙身、龙首五块玉中部均横穿孔，由一铜片将其串联，铜片两端的鎏金铜兽再与卷龙连接。从玉质上可以看出，七块玉本为同一块玉料，充其量不过5厘米大小的玉料，琢成了一件长达20.5厘米的大玉珩璜，结构新颖，构思巧妙，雕琢精细，利用当时成熟的青铜工艺，做成了别具一格的复合玉雕器。

河南辉县出土战国云兽纹玉珩璜

（2）套链成条。套链成条，现代玉雕行业称为"借料活用"，多将其用在器皿及佛神像作品中。具体方法是在不损害主体形象、造型的情况下，从器物主体上取出可以取出的余料，做成以链条为主的装饰附件，并与主体相连接，恰如其分地用到妙处。多数工艺史专家认为，"借料活用"绝活源于清代，因为在清代壶瓶类玉器上出现了衔环、套链等工艺。考古发现证实，早在商代，玉匠就掌握了借料活用、套链成条的技巧，这种技巧在周代有进一步的发展，挖出的余料，琢成链条，不仅作为玉器主体的附饰，而且还是联结玉器主体与主体的纽带，可以将小玉料做成一件超出玉料一倍甚至数倍的大玉器，是玉器雕琢技法"小中求大"中难度最大的。

1989年江西省新干县大洋洲商代大墓出土的玉羽人，是目前考古出土最早的一件"套链成条"的玉器。奇特之处在于冠后的活环雕琢，冠部琢出的余料不是随意废弃，而是琢三个相连的方形套环，既方便了玉羽人的佩戴使用，又充分有效地利用了玉料，使玉人比原料至少增大了五分之二。

1978年湖北省随州市擂鼓墩曾侯乙墓出土的两件多节玉佩，是战国时期琢玉"借料活用"至高无上的杰作。四节玉佩，器壁很薄，厚仅0.4厘米。使用上等新疆青白和田玉，滋润光亮，局部有铁沁。全器通体透雕龙凤纹样，由一块玉料透雕成三环四节而成一器，中间一环活动自如。由此可见，此器的玉料要比现器小得多，以中间套环为界的左右两部分，乃将原料对剖而得，以活环串联。多节龙凤纹玉佩，在雕琢工艺上比四节玉佩更复杂，难度更大。器呈链条形，由五块质地基本相同的玉料碾琢而成，共26节，依玉材分成五组主体构件，套扣成一条雍荣华贵的龙凤佩。全器中间有四个大的活环，用金属榫插接，可以自由拆卸。这些环本与玉料不相连，是后加环，便于玉组佩多节连接。八个活连环系采用镂空技术琢成，不能拆卸。这些环原本是主体的一部分，是在玉料对剖过程中掏空留下的，为的是使两块对剖的玉料连在一起。多节龙凤纹玉佩，在雕琢技巧上运用多种技法，在装配技巧上也用了多种手法，是战国玉雕以小求大工艺的集大成者。

江西出土商代玉羽人

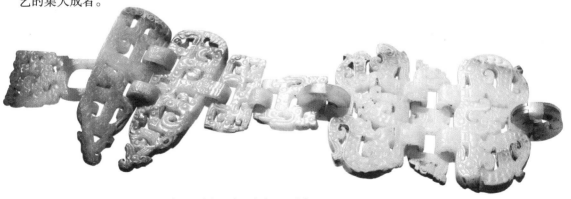

湖北曾侯乙墓出土战国多节玉佩局部

（3）拼接成器。玉器工艺以小求大，还有一法是拼装成器。由若干玉片拼接成一件玉器，在近现代玉器工艺中是应用较广的一种工艺，难度不算太大，但在上古时期是一项了不起的成就。它不仅仅是玉料平面利用的扩大，更主要的是利用玉材形态的变化，借用木器工艺中的榫卯原理，拼接成立体的玉器，将造型、雕刻很好地结合起来，在上古时期立体圆雕琢玉技术还不发达的阶段是一项突破。

考古发现，重要的拼接玉器有良渚文化的三叉形组合玉冠饰、龙山文化的玉冠饰、东汉的玉座屏等。浙江省杭州市余杭区瑶山 12 号墓出土的三叉形组合玉冠饰，全器由三叉形器及管组成，系用同一块玉料雕琢而成。管与器可分可合，合在一起，通过器中、管中的透孔，两者很好地结合在一起，使三叉形玉冠饰增大了形体，又显示出神圣的威严。

多变的形态

玉器艺术的工艺美，体现在环环相扣的精细工艺上，也体现在精巧玲珑的形态构成上。

玲珑的形体

玉器形态构成的实质，是体、面、线、点四个要素。认识了这四个要素，也就把握了玉器形态构成的基本特征。

"体"是最容易理解的，我们常说的身体，指的是整体、形体。一件玉器给我们的直觉也是一个整体。因此，我们认识一件玉器的形态构成，首先也是从整体开始。整体，就是全貌，就是大局。但从整体上掌握玉器的形态，也不是一件容易的事。首先在于不同历史时期有不同的玉器形体。新石器时代玉器多弧线状的几何形，很少有横切竖直的几何形。商周时期以写实动物形玉器为主，几何形玉器较为少见，所见者线条较为平直，弧

安徽出土西汉镂空螭龙纹玉佩

线形玉器不如早期多。即使是同一种玉器，在不同的历史阶段，也是不完全相同的。如各个历史时期的玉璧，虽万变不离圆，但形态也有一定的变化，如新石器时代玉璧的厚重，商周玉璧的"吐唇"，汉代玉璧的"镂空"与"出廓"，明清时期的双联璧。

商业社会的发展也会对玉器形体的变化产生重要影响。宋代以后，由于玉器不再是王公贵族的"专利"，大众百姓也可使用玉器，并且也喜欢玉器，玉器向细巧、世俗方向演变。细巧是为了让百姓买得起，世俗是为了迎合大众的审美情趣。

外来文化因素，对玉器的形态也产生了一定的影响。汉唐丝绸之路凿通后，出现了一些中亚文化因素的玉器，如形态十分别致的来通杯（弧形的兽角酒杯，希腊人称之为 rhyton，音译为来通），是中亚文化典型器物，他们以为用来通杯饮酒喝奶，庄重而神圣，还可避毒。中亚的来通杯多用银制，而中国式的来通杯多用玉制，但两者的承袭关系十分明显。海上丝绸之路开通后，大量的东南亚珠宝、海产珍宝传入中国，中国玉器家族中出现了较多的珠宝首饰，丰富了中国玉器宝库。清代痕都斯坦玉器输入中国后，中国传统玉器形态受到了极大冲击，以胎薄、形美、工精著称的痕都斯坦玉器，成为朝野上下争相拥有的稀有之物，于是出现了较多的仿痕都斯坦玉器。

　　因此,研究玉器形态构成的根本——"体",既要看到玉器的上下、左右、前后、里外等不同部位的不同形态,也要考虑到不同历史、文化、商业背景对玉器形态的影响。

剔透的饰面

　　玉器表面不同的形态,有不同的名称,水平的是平面,弧线的为球面,起伏的是立面。历史悠久的中国玉器,造型丰富多样,饰面形态更是种种个别,从设计构成上看不是杂乱无章,而是有章可循。从宏观上观察玉器的饰面,无论是平面设计或是立面构成,都经历了阴阳线纹、镂空图样、立体影像三个大的发展阶段,前两者属平面设计范畴,后者是典型的立体构成。

　　玉器表面的阴阳线纹风格,主要流行于新石器时代和商周时期。此时玉器的形态构成是造型构图与装饰风格在各自轨道上平行发展,两者不能融会贯通。如商代玉器,无论是平面剪形或是圆雕动物的装饰面,大多用的是人兽复合纹,在需要出现眼睛的地方出现眼睛纹,在不需要用眼睛的地方,也用上了臣字眼纹,似乎图样是事前画好的,以不变应万变。西周

安徽出土西汉朱雀衔环玉卮

玉卮细部

玉器也有同样的情况。凤鸟纹是西周玉器的装饰母题，许多不同类型的玉器都用上了凤鸟纹，有的用得较为得体，也有的与形体显得格格不入。

东周至汉代玉器饰面的共同特点是镂空图样的大量出现。与前期阴阳线纹玉器饰面完全不同的是，镂空图样饰面的出现，不仅是技术上的进步，也是设计形态上的改进，更是玉器艺术日趋成熟的表现。早期玉器镂空纹样，显示更多的是工艺上的尝试。龙、凤不再做成独立的玉器个体，更多地成为玉器饰面的重要纹样。将龙凤镂雕在玉璧表面中间，显示出天地和谐、事物完美，更是社会团结、人民同心合力的象征。将龙凤镂雕在玉璧的两侧，左右相背，既显示出华夏大地龙凤文化的和平共处，又反映出龙凤文化的个性与张力。将龙逐渐做大，凤逐渐缩小；将龙凤拟人化，人格化；将龙塑造成发号施令的指挥官，越来越霸气，将凤描绘成言听计从的驯服者，越来越文静。龙是力量、权力的象征，凤是优雅、靓美的化身。

工匠们将左右俯仰、阴阳向背的镂空纹样应用得游刃有余；把呼应顾盼、大小环抱的镂空图形安排得出其不意；把参差错落、轻重承复的镂空画面运用得无可挑剔。处处显现出这时期玉器画面的装饰美，成为中国古代装饰艺术的不朽之作。

玉器装饰风格的改变始于唐代。东周至汉代高超的玉器琢磨技术，在魏晋南北朝大动荡的社会变革中基本失传，以致唐代玉雕缺少了传承的基础，但却使开拓创新少了一份历史包袱，多了一份探索精神。所以，唐代玉器的造型、饰面以崭新的面貌出现，一改东周至汉代以镂空为特色的玉器装饰风格，主要画面大胆采用浅浮雕表现，获得一时的成功。

玉器装饰面上的立体景象，宋元以后才多见，主要得益于雕刻工具的改进与雕刻技艺的提高。论艺术成就与艺术效果，宋元时期玉器的立体景象最佳，主要体现在两个方面：一是将浮雕技术与镂空有机地结合起来，形成了花中套花，花下压花，花中套叶、画中出画的艺术效果；二是不仅仅局限于图案的表现，还能在方寸之间表现人物故事、历史题材以及风物人情，春水玉、秋山玉是其成功范例。明代玉器的立体画面试图进一步多

湖北出土
明代龙纹镂空玉薰

样化，画面下铺以锦地，以形成锦上添花的艺术效果。有一部分运用得相当好，但相当一部分玉器由于要在有限的面块上琢磨过繁的内容，因而显得有点零碎。清代以名家名作为蓝本，雕琢成大件玉山子，场面宽阔，将复杂的平面内容加以立体展示，不失为玉雕艺术上的一大创新，与当时的竹刻、刺绣艺术有相似的艺术趣味。

多变的线条

形体是琢玉成器的基础，面是玉器美的关键，线条是形体与装饰的灵魂。玉器上的线条，包括形体的结构线条、器表的装饰线条两大类，是认识玉器形态构成的重要组成部分。

（1）把握形态的关键线。玉器形态构成的线条，有轮廓线、结构线、动态线三条关键线条。这三条结构轮廓线是客观存在的，但在玉器的审美过程中，往往注意不够，只看形体，不看形态；只管影响动态的装饰线，不管影响形体、形态的轮廓线、结构线。事实上，构成玉器形态的线条，比纯装饰线来得重要得多，因为涉及玉器重心是否稳定，比例是否恰当，体量是否合适，造型是否优美，是衡量玉器优劣、好坏的关键。犹如一个人，若身材不好，即使装束极好，也很难令人赏心悦目。

当我们从某一角度观察一件玉器的立体形象，玉器形体边缘外围形成的线条，就是轮廓线。抓住了轮廓线，一件玉器的大体形象就表现出来了。无论是上古玉器，还是中古、近代玉器，其轮廓线多数是弧线，或是射线，有棱有角的直线非常少见，即使是看似方正的玉琮，轮廓线也不是直线，而是弧线、折线、曲线和射线的综合运用。玉器的轮廓线以曲线为主导，能显示出玉器圆润、灵巧的外观。

玉器上的结构线，有时不一定明显，主要是因为玉器不像建筑、家具等实用物品，必须要有符合力学原理和美学比例的结构。这并不等于说玉器没有结构线，只是较为隐蔽而已。在玉挂件边面的转折、交界处，在玉制器皿的口、底、把手等关键部位，都有功能明显的结构线。

在玉器结构线中，还有一条重心线。人蹲、立时有重心，这是大家明白的道理，若重心不稳，人就会跌倒。物体不稳，也就是重心不稳，也会倒下或倒塌。玉人物、玉器皿重心不稳，一眼就能看出来。中国古代玉器绝大多数的重心线处理得是相当不错的，特别是清代的玉山子，给人以稳如泰山的感觉。但也有一些玉器由于比例失当，显得重心不稳。如明代玉杯，杯身过胀、把手过扬，显得有点头重脚轻、左右失衡。

不仅着地的陈设玉器有重心线，连穿挂的玉饰件也有重心线，不过这条重心线不像陈设玉器是在底下，而是在上面，用线挂起来后就一清二楚。如战国时期的S形玉龙，形态生动，神情活泼，下面没有着力点，上面有一个穿孔，用来垂挂。若用线将其挂起，尽管左右两边往往是不对称的，但左右均衡，有较好的视觉效果。这说明玉挂件同样有一条重心线，只是更为隐蔽，不易觉察。

轮廓线、结构线是每一件玉器必备的线条，若缺了任何一条线，就不是一件完整的玉器。动态线是使玉器具有某种动态的线条，并不是每件玉器都具备。动态线最能体现玉器人物或动物甚至植物动态的趋向，如西周的玉鹿、汉代的仙人飞马，由于在玉器作品上较好地应用了动态线，作品生动活泼、活力四射。

有些非动植物形象的玉器实际上也有动态线。如商代的玉戈，既不是动物形，也不是植物形，而是尖首状，好像没有动态线，但玉戈两侧流线型的边刃线，显示玉戈的锋芒毕露以及具有的不可抵御的杀伤力。玉戈的边刃线就是动态线。有些玉器的动态线与轮廓线，是合而为一的。如汉代的玉舞人，弯曲的双臂，飘逸的长袖，既是轮廓线，又是动态线。唐代的玉飞天，也有同样的情形，轮廓线、动态线为同一条线。一些花卉形玉器，也有动态线。如北宋时期的折枝花，正因为有了动态线，我们才知道这是盛开的菊八仙，也就是大名鼎鼎的琼花。

（2）深化主题的装饰线。如果说轮廓线、结构线、动态线是为了使玉器造型更合理、姿态更优美的话，那么，玉器面上的装饰线，是为了使玉器更生动、更灵巧，更好地表达出思想内涵及艺术主题。

仅从形态看，不考虑内容因素，中国玉器装饰线条主要流行于唐以前。唐以后玉器上的装饰线条，逐渐被立体装饰面掩蔽，线条在玉器装饰上已不是主流，代之而起的是透雕的装饰面。

唐以前中国玉器的装饰线条，主要有断续的阴刻线、勾勒阴阳线、"汉八刀"、细密短阴线等。

由于玉料硬度较高，非一般工具能刻画得动，所以早期中国玉器大多光素无纹。玉器上大量出现刻画花纹，是在新石器时代中晚期，尤其以良渚文化玉器图纹线条刻画水平较高。通过对良渚文化玉器上的线条进行分析，我们发现有落笔、起笔的痕迹，笔势有轻有重，过渡自然，走向清晰，这说明玉器上装饰线条的刻划技艺已较为熟练。不过还是由于雕刻工具的局限，加上速度不够快，线条带有粗细不一、断断续续的痕迹，毕竟玉的硬度太高，而人的腕力有限。

商周时期大多数玉器的表面都用阴阳线纹装饰，形成无面不线、众线成面的特殊装饰效果。商周玉器的线纹与新石器时代玉器上断续的阴线相比，有地方明显不同。首先，新石器时代玉器的饰纹是为了表达重要的思想内容，主要作用不是为了装饰，而是为了深化艺术主题的需要。商周玉器线纹，虽然也有一部分是为了强调内容的需要，但更多的是为了装饰需要。因此，我们可以在不同的玉器上见到相同的线纹。其次，商周玉器的线纹，既有阴线，也有阳线，而且绝大多数的线纹是勾勒的，即线纹是封口的，起点与终点是同一点。勾勒阴阳线纹，是商周玉器工艺的一大创新，既增强了玉器的装饰效果，深化了图形的表现力，又为玉器装饰由线至面、由线纹向浅浮雕、镂空过渡找到了路径，打下了基础。两条阴线相交，就形成了一个浅浮雕的阳面，若将一条阴线再加深，就形成了高浮雕装饰。商代西周玉器上的阴阳线纹，是东周至汉代玉器浅浮雕、镂空装饰的先声。第三，商周玉器上的阴阳线纹深浅一致，粗细相同，应用自如，应是用各

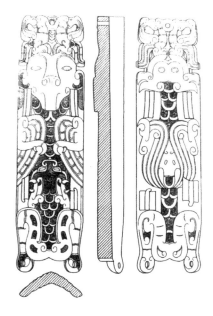

湖北出土战国人面鸟身玉饰图

种勾铊琢磨出来的。这表明，商周时期已出现琢玉的机械工具——玉作凳，这是不容争辩的事实，否则无法固定铊具，从而琢磨出如此精美、精细、规范的图案花纹。

古玩家推崇备至的"汉八刀"，是在广泛流行镂空、浮雕玉器装饰风气的情况下出现的玉器装饰线条。因线纹像"八"字，故称"八刀"。同时因汉代玉器才有这样的装饰线纹，故在"八刀"前加上了一个"汉"字。这不是汉代当时的名称，应是宋以后古玩家的称呼。

江苏盱眙出土西汉牛首形玉钩

"汉八刀"线纹直切玉器表面，深浅有度，遒劲有力，有干脆利落的雄风，有大刀阔斧的气势，刀刀有声，线线切地。这需要锐利的工具和快速运转的工具。汉代，特别是东汉时期，这两者都具备了。由于"汉八刀"力量较大，不易操纵，所以仅用于玉蝉、玉握豚等装饰简单的玉器。"汉八刀"是绝技，至今有不少玉匠模仿，但永远无法达到其蕴藏力量、显示锋芒的神韵。

史论家认为，中国艺术是线的艺术，尤其是中国的书法、绘画，将具有东方民族风情的线条艺术推向极点。玉器作为中国艺术的组成部分，自然离不开造型艺术，也离不开线的艺术。当然，我们也清楚地看到，玉器的线纹，一部分是玉器所特有的，如勾勒阴阳纹、"汉八刀"。也有相当一部分线纹是受其他艺术的影响，尤其受青铜、漆器装饰线条及书画表现方式的影响较深。简而言之，魏晋南北朝以前的玉器线纹，主要受其他工艺美术的影响，魏晋南北朝以后的玉器线纹，主要受书画艺术线条表现形式的影响。

在中国美术史上，魏晋南北朝是一个非常重要的时期，但玉器艺术走至低谷，可能主要是玉料来源困难、缺乏高水平的玉匠以及将有限的玉料作为仙药服用等原因。偶见这时期的玉器，特别是北朝玉器，不一定在造型上有多少出新，但在线条的运用上，不仅是空前的，也是绝后的。因为雕刻者能在硬度很高的玉器表面刻画生动流畅、婉转自然的细阴线图像，毫无早期玉器阴线纹那种拖泥带水的断续感，与东晋大画家顾恺之"如春蚕吐丝"、"春云浮空，流水行地"的绘画线条有惊人的相似之处，两者的关系不言而喻。唐代玉器人物、动物上的硬硬的短阴线纹，与唐代大画家吴道子创造的"疏体"线条，又有很多相同之处。可以这样说，魏晋南北朝至唐代玉器上的装饰线条，都可以在这时期大画家的画作上找到渊源。

关键的点穴

任何的距离，任何的空间，都是从点开始的。点是视觉艺术的最小单位，因为点没有距离，缺少空间。点又是视觉艺术的最大单位，因为有了点，才有宽阔的艺术空间，五彩缤纷的艺术世界。玉器上的点，没有形体来得直接，没有线条来得明显，但都是实实在在的，是玉器形体结构中不可缺少的组成部分。

观察玉器表面上的点，先要注意到，玉器的成形是从点开始的。不管玉料是大是小，也不管玉料是优是劣，若要将玉料琢成一件玉器，先要考虑玉料上的一些关键点，这些点有时关系到一件玉器作品的成败。如一块玉料的上下两点决定了一件玉器的高度，一块玉料的左右两点决定了一件玉器的宽度。红山文化玉器大多数保留了上下左右关键部位的璞皮点，这是依玉料大小决定玉器形体身量的关键点。良渚文化的玉琮，取料时十分留意上下的边缘，能保留的尽量保留，这样能在有限的玉料上把玉琮尽量做高、做大。琢制玉璧时，也十分注意玉料左右边际的两点，道理也是同样的。琢制巧色玉时，玉料上关键的一点玉色或玉皮，最后有可能成为作品上的亮点，比如琢成活灵活现的人物、动物的眼睛，或是植物的果实，能起到画龙点睛的效果。

观察玉器上的点，还要注意到线条、镂空饰面的走向。凡是线条艺术、雕刻艺术，都是由点开始，由点到面的。大多数玉器装饰线条，起点落笔较重，窝点较深，表明玉器线条刻画时，先要定一个点，然后再从点向外延伸，构成优美的线条。这是因为玉硬度较高，若不先定点，线条刻画容易打滑，无从下手。这一点从玉器镂空装饰上显得更为清晰。汉代以前玉器的镂空装饰，无论花纹多么复杂，图案多么严谨，内容多么深奥，几乎都是先定一个点，用一小圆管钻出一个小孔，再以小孔为起点，向不同的方向扩展，构成有内容有形式的镂空装饰线纹。

观察玉器上的点，更要注意到玉器的钻孔方式。从功能看，玉器上的孔有三种类型，第一类孔，如上所述，是为了满足镂空装饰功能的需要。第二类孔是形态功能的需要，玉琮、玉璧中间留孔，都是为了满足玉器形态功能的需要，若中间没有孔，就不成为琮与璧了。玉璜只有半个孔，也必须留出，否则也不成为玉璜。第三类是具有实用功能的孔，如玉斧、玉戈上的孔，是为了固定需要，以便更有效地使用。商周时期动物玉器嘴部的孔，既视为动物的嘴，又可作串挂用，一孔两用。玉器的孔，不管出于什么目的，琢磨时，先要定点，然后再钻孔。我们也常在玉器表面看到由于定点不好，需要重新钻孔的例子。

从形态构成看，玉器上的点虽不大，深浅不一，大小有别，意义却不小，关系到线条装饰的得失，关系到形象塑造的成败，不可小看，不可忽略。

中国玉器的形态构成，也可理解为琢玉工艺的外在表现形式是由点开始，以点带线，由线至面，面面成体。认识了中国玉器的点、线、面、体，也就了解了中国玉器的形态构成与工艺特色，从而认识了中国玉器的本质。

治玉的思想

中国玉器为何数千年来一直受到国人的欢迎与厚爱？中国玉器为何几千年绵延发展、连续不断？

究其重要原因，中国玉器不仅有精美的形态、精细的纹样，还包含精深的思想。这涉及玉的分布、玉器的辨别、雕琢、审美、品格以及与古代贵族生活、古代社会活动关系等方方面面。一些经典名句比如"瑕不掩瑜，瑜不掩瑕"、"他山之石，可以攻玉"、"如切如磋，如琢如磨"等等都折射出古人对待玉的态度。它们丰富了我们对玉器的认识，同时也闪耀着朴素的辩证唯物主义观点，我们可以将它们上升为古人的一些"治玉思想"，是中华文化宝库中的经典。

瑕不掩瑜 瑜不掩瑕

"瑕不掩瑜，瑜不掩瑕"，最早见于《礼记·聘义》。《周礼》记载，孔子对此有进一步的阐述，指出"瑕不掩瑜，瑜不掩瑕，忠也"，将玉的特性赋予道德的含义。郑玄注："瑕，玉之病也。瑜，其中间美者。"

"瑕"、"瑜"两字从"玉"，都与玉有关。"瑕"本意是指玉表面的璞皮、斑点、缺陷，比喻缺点、不足。"瑜"的本意是玉的光泽，比喻优点、亮点。

大玉不琢，是"瑕不掩瑜，瑜不掩瑕"在玉器加工方面的体现。《礼记·礼器》载："至敬无文，父党无容。大圭不琢，大羹不和。"古代"大圭不琢"、"大玉不琢"，不只是以素为审美思想的反映，也是玉石瑕、瑜之辨思想的反映。玉的本来面目就是主人的本质面目，不必文过饰非，不需雕纹添彩，尽显大玉、大圭的自然美、朴素美。因此，古代大圭等大玉，常光素无纹，保留了玉石的本质。

另外，在中国玉器工艺中，玉料璞皮从来都是宝贝，因为有了"瑕不掩瑜，瑜不掩瑕"的治玉思想，所以在玉器加工过程中常有意保留璞皮、杂色等瑕疵，化腐朽为神奇，琢磨成巧夺天工的巧色玉，类似例子举不胜举。

国家博物馆藏金代"春水玉"带饰

他山之石 可以攻玉

《诗经·小雅·鹤鸣》中有"他山之石，可以为错"、"他山之石，可以攻玉"两句诗。意思分别是，别的山上的石头，把它留着可做砺石；其他山上的石头，把它留着可以琢玉。后来这两句诗句有更深的引申义，是说别人的经验、意见或做法可资借鉴和学习，为我所用，已从一般的琢玉道理上升为辩证的哲学思想和做人道理。现代的道理人人都懂，但古代以石错玉、以石攻玉的史实，大家不一定了解，这里不妨展开说一说。

"他山之石，可以为错"，是说使用砺石可以琢磨玉器。切割玉料可用石锯、石铊进行。磨制玉器，可以用砺石，类似磨刀石。砺石有较多的考古发现，有些是作为磨盘研磨粮食用的，有些是用来磨制石器的，也有一些是琢磨玉器的。江苏省句容县丁沙地遗址第二次发掘共出土砺石工具37件，从质地看，砺石多为砂岩质，砂粒有粗、中、细、极细之分。按玉器制作工艺的规范，不同颗粒的砂岩可以作不同的用途，粗沙、中砂可以作磨平玉料，进行表面处理，细砂可以作磨光、抛光用。古代玉器表面处理极其精细，与大量使用不同质地的砂岩砺石磨平磨光处理有很大的关系。砺石不仅质地不同，形状也各不相同。依打磨面形状的不同，可以分为平面砺石、弧面砺石两种类型。其用途也是有所不同的。平面砺石可以磨制较大的玉器表面，弧面砺石接触的面较小，可以磨制较小的玉器表面。

古代的实心钻孔工具，早期大多数用的是石制钻头，多数以砂岩质磨制。实心石钻，既可用来钻孔，也可用来对玉器表面进行小范围处理。实心石钻钻出的孔，上大下小，呈漏斗状，与管对钻孔形态不同，容易分辨。

石头也用来雕刻玉器花纹。早期玉器的装饰花纹，一部分是用石质雕刻工具刻划的。虽不能直接证明，但考古发现了较多的雕刻工具，从形状观察，可以确定是直接用于玉器雕刻的。在江苏省镇江市的磨盘墩、丁沙地遗址出土了数量众多的雕刻器，仅丁沙地一处就发现了261件。石雕刻器形状一般较小，长宽各在3厘米左右，器表多数有多次打击修理的痕迹。石雕刻器大多有锋利的尖端或弧状的刃部，可直接用于雕刻。雕刻器的石质明显不同于砂岩砺石，经矿物学分析有燧石、黑曜石、石英、水晶等材质，结构致密，质地坚硬，硬度明显高于普通玉石，应是铊具雕刻工艺广泛使用之前理想的雕刻工具。经试验，石雕刻器可直接在玉石表面进行雕刻，但需要非常熟练的技艺。

"他山之石，可以攻玉"，这里讲的"石"，不是普通意义的石头，而是砂石。铊具、铊子再锋利、锐利，也不能直接剖玉、切玉、雕玉，需要用砂石作为铊具、铊子与玉之间的介质碾琢，这种砂石就叫解玉砂，也称解玉沙、碾玉砂。

解玉砂的应用，源远流长。1979年江苏省武进寺墩遗址发掘出土了一座良渚文化墓葬，在墓内的一块玉璧上铺有一层砂粒，经南京地质矿产

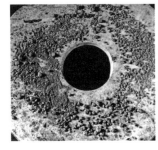

江苏寺墩遗址出土
良渚文化玉璧砂粒

研究所鉴定为花岗岩风化粗砂粒，主要成分为钾长石、钠长石、石英和黑云母等。其中石英的硬度大于良渚文化玉璧、玉琮材料的硬度。经考古现场观察，玉璧上的砂粒是有意放置，可能象征着琢玉的方法及玉璧主人的身份。

解玉砂通称磨料，古代都用天然硬质矿砂，近现代使用人工合成磨料。解玉砂的硬度要求比较高，能对各种玉石材料起磨削作用，品种比较多，主要有黑砂、红砂、黄砂、金刚砂等。不同产地的解玉砂，品质还不一样。《天工开物》云："中国解玉砂，出顺天玉田与真定邢台两邑（今河北）。其砂非出河中，有泉流出，精粹如面，借以攻玉，永无耗折。"宋明时期，邢台均"贡解玉砂"，可见邢台解玉砂品质非常好。

古代优质解玉砂与优质玉材一样，常由朝廷控制。如元代解玉砂产于大同路，为此设大同路采砂所。所产解玉砂也称"磨玉夏水砂"，大意是说夏天从水中采挖出来的磨玉砂。砂石开采后运往元大都，供元代玉匠琢磨玉器使用。元代朝廷既掌握了大批高水平的玉匠，又控制了玉料、解玉砂的生产，这是元代琢玉业取得非凡工艺成就的重要条件。在 20 世纪 50 年代前，我国玉雕行业一直使用天然产出的"解玉砂"，之后则多用人造磨料。

玉器工艺证明，他山之石，是完全可以攻玉的，不可缺少的是解玉砂，必须具备的是高超的琢玉技艺以及聪明才智和大胆尝试的探索精神。

东方的思想，东方的哲学，都是在实践中不断摸索出来的，大胆试验，积累经验，才能创造智慧。我们的祖先不满足于以石攻玉的工艺，还将普通的治玉工艺现象上升到思想的高度、哲学的层面，提出了"他山之石，可以攻玉"的命题，成为解决自然界"以柔克刚"难题的范例，给人启迪。

如切如磋 如琢如磨

"如切如磋，如琢如磨"，讲的是雕刻工艺。《尔雅》曰："骨谓之切，

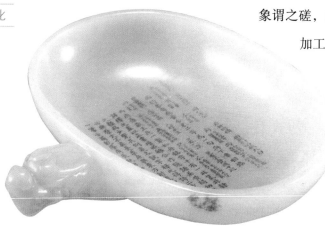

南京大学藏辽代玉卮

象谓之磋，玉谓之琢，石谓之磨。"讲的是不同的材料加工，要用不同的方法，因而有不同的名称，加工骨器称"切"，加工象牙称"磋"，加工玉器称"琢"，加工石器称"磨"。

谈到现在，我们知道玉料的切割，玉器的成形，玉器的花纹装饰，不是用玉器加工工具直接切割玉料、雕刻玉器的，而必须用解玉砂作为介质，作为研磨剂。工具只是玉器加工的助推器，真正起切割作用的其实是解玉砂。用工具将解玉砂来回、反复在玉料上"磨"，产生的磨削作用就起到了琢磨玉器的效果。所以玉器制作工艺的特点是"琢"。

既然玉器加工工艺强调"琢"，为何有时"如切如磋，如琢如磨"通指琢玉工艺呢？这是因为，玉器工艺是雕刻工艺的集大成者，综合了骨雕、牙雕、木雕以及制石工艺的长处，在玉器加工过程中既要用到"切"、"磋"等工艺，自然更需要"琢"与"磨"。王充《论衡》中说"切磋琢磨，乃成宝器"，就是此理。

"如切如磋，如琢如磨"，本意为骨、牙、玉、石的雕刻琢磨工艺，但在字面意思之外早已被赋予新的含义：比喻君子的努力进修，人们德行的砥砺；比喻学问的研讨，问题的探索；比喻文章的不断修饰；比喻取长补短、精益求精；比喻刻意追求完美的精神；等等。

巧色玉雕

中国古代玉器有不少独创、独特的琢磨技艺，巧色玉雕是其中之一。

琢磨玉器，除用好玉材外，对玉色的使用也十分讲究。用料强调的是"省"，省而不抠；用色注重的是"巧"，巧而不花。按礼制要求，古代重要礼仪玉器只能用黄玉、白玉、青玉、墨玉、赤玉等单色玉，不能用花玉或杂色玉，但供陈设欣赏的玉雕艺术品可用多色玉，于是在玉雕行业出现了一门巧用玉色的绝活，这就是巧色玉雕法。

巧色玉雕，也称俏色玉雕、巧作玉雕，玉器成品通称巧色玉。巧色玉雕，要求玉雕艺术师利用玉石的天然色泽纹理，施以适合玉材的雕琢，创作出世间绝无仅有的艺术之作。使其具有独特的造型和与造型浑然一体的斑斓色彩，达到完美无瑕的艺术效果。

雕琢技艺

玉雕史论专家以往认为，巧色玉工艺与套链技巧一样，是清代的发明，发明者可能为京师玉匠。他们的主要依据是，现藏北京故宫博物院、台北故宫博物院的巧色玉雕桐荫仕女图、翡翠白菜，都是清代京师玉匠的杰作。然而，巧色玉器的考古发现，为我们认识巧色玉的起源和发展提供了新视角、新认识。考古资料表明，巧色玉工艺萌芽于龙山文化晚期和夏代，当时流行的在玉雕成品上镶嵌异色玉宝石工艺，开创了中国玉雕巧用玉色的先河。商代玉龟，是目前中国玉器中所见最早的巧色玉。此后巧色玉雕工艺由于适合雕琢巧色玉的玉材不易获得，加上设计要求高，琢磨难度大，一直没有得到长足的发展，但此绝技一直没有断绝，历代均留下了一些巧色玉雕作品。从工艺角度看，巧色玉雕可分为巧用玉色、俏用玉皮和废料活用三种，玉雕作品各具千秋。

（1）巧用玉色。利用玉色雕琢巧色玉，就是巧用玉材原料主色以外一种或一种以上的色差，或对雕琢过程中出现的异色，进行适合表现玉色特征的创造性设计，雕琢出与自然物相像、相近或相似的圆雕艺术。历史上的不少巧色玉作，多数是巧用玉材之作，在巧妙利用玉材主色的同时，巧用杂色、异色，有点色成金、万绿丛中一点红之妙。

河南安阳商代殷墟妇好墓出土了四件巧色玉石雕，其中玉龟、玉鳖、石鳖三件玉石器是巧用玉材之作，都是利用玉材黑白色泽之差雕琢的巧色玉。玉鳖的艺术水准较高，夹色玉材，黑褐色、灰白肉红色两色平行分布，黑褐色部分作鳖甲、爪和双目，灰白肉红色面作鳖的腹、头、颈，色泽分明，应用得体，形象生动，在用料、用色和雕琢技巧上，达到了尽善尽美的艺术效果。

北京玉雕大师王仲元先生的得意之作玛瑙虾盘，巧用玛瑙材料里外色泽的差别，在盘中央雕刻一对大小不一的湖虾，洁白的虾身在深色盘体的衬托下，鲜灵活现，犹如刚刚打捞出水的活虾。

北京玉雕大师王树森曾创作过一件饮誉中外的巧色玛瑙牧鹅图。大师慧眼识宝，利用一块红、白、黑三色无规则相间的玛瑙，制成一件五鹅啄食的作品。鹅身丰羽纯白，隆起的鹅头透红泛光，圆鼓的眼珠又黑又亮，形体色泽与真鹅别无二样。旁边一牧童在赶鹅，更是趣味盎然，极具生活气息。

（2）俏用玉皮。玉皮，也就是玉璞，常见于山流水玉、籽玉，玉皮均带有比玉料主色更深的色泽，但它不是原生玉色，而是次生玉色，是玉料离开原生体后，经长年累月的日晒雨淋、水浸土蚀，在玉料表面或在裂缝间形成的一层与主色迥然不同的异色面层，仿佛是动物的皮。玉皮既是渣又是宝，说它是渣，因为古代礼仪玉皆不用玉皮，视之为无用之皮；说它是宝，因为玉皮是仿古玉、巧色玉的必备之物，能比人工提色更具魅力，更为自然。现在更是将玉皮作为判断籽料真假的重要依据。

巧色玉雕中，也有不少巧用皮色的精品力作。殷墟妇好墓出土的玉石鸭，双色玉石材，玉石主色调呈白色，次皮色呈紫色，巧用紫皮雕鸭翅和双眼，写实而生动，让人联想起鸭子多彩的羽毛。台北故宫博物院收藏的宋代荷叶形玉洗，利用玉料自然形态与色泽之妙，雕刻成一件文房玉洗，犹如一叶刚刚从荷池剪下的枯荷，叶脉荷梗，维肖维妙，既可盛水研墨供书写之用，又是一件难得的工艺美术珍品。

（3）废料活用。高超的巧色玉雕琢大师，还善于在废弃的边角料中慧

河南殷墟出土商代巧雕玉鳖　　　　　　　　　王仲元巧雕玛瑙虾盘

王树森巧色玛瑙牧鹅摆件

眼识宝，观察蛛丝马迹，寻找灵感，雕琢出出人意料的巧色玉雕。著名的有清代桐荫仕女图玉雕。1773年，在清宫供职的一位苏州籍玉雕大师看到一块琢碗时剩下的弃料，联想起家乡最熟悉、最可爱的园林庭院。于是化废为宝，因材施艺，就玉材的形状和色泽进行创作构思，利用琢碗时留下的圆洞，琢成江南园林中的圆璧罩。内嵌半月形门两扇，一束亮光从门缝透进，门内外各立一仕女，透过门缝互为呼应，妙趣横生。另外，在碗料底部精雕细琢假山、家具等江南庭园景象，把橘黄的玉皮巧琢成梧桐蕉叶，覆瓦垒石，做工颇为讲究。经过玉雕艺术家对玉料、玉皮的巧妙取舍、加工，化腐朽为神奇，使一块废料成为价值连城的艺术瑰宝，连深谙雕玉之道的乾隆皇帝也为之叫绝，大加赞赏，曾题识赋诗。

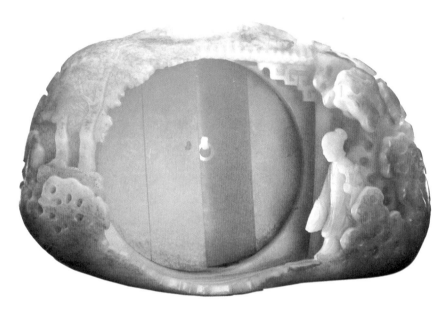

北京故宫博物院藏清代桐荫仕女图玉摆件

艺术特性

巧色玉雕是玉石工艺特有的一种表现形式，是需要高度技巧和过人智慧的雕琢特技，是中国古代玉雕艺术的集大成者。巧色玉雕的艺术特性，在艺术史上具有综合性、肖真性的特点。

（1）综合性。巧色玉的雕琢，既用玉料自身的色泽之差，又用玉皮瑕疵等次生的色泽之别，雕琢出玉器家族中独具魅力的上乘玉作。其他玉器可能会出现两件相同或相似的玉器，而要雕出两件相同的巧色玉器，几乎是不可能的，因为很难找到两块一模一样的带相同色泽的玉料，如很难找到与清代翡翠白菜同样品质与色泽的玉石原料。

巧色玉雕艺术的综合性可以用白菜加以说明。画家笔下的白菜，可以是青翠欲滴，青白分明，叶茎有别，结实而细嫩，挺拔而旺盛，真实可爱。但它只能是平面白菜，表现的只是白菜的一个侧面或剪影，而不是白菜的整体，毕竟与原形相去甚远。但雕塑家手下的白菜则是活生生的白菜，既具备了绘画的色泽，又是立体的，融合了雕塑形体的特性，集绘画雕塑于一体，形成了形神兼备、动静统一、生机无限的艺术风格。

（2）肖真性。无论是动物、植物、人物题材的巧色玉雕，形象都极佳，既俏巧，又真实。我们看到商代巧色玉鳖，乌黑的眼珠生动传神，把鳖引颈匍爬的笨拙姿态表现得逗人喜爱。台北故宫博物院展出的清代猪肉形石，似一块香味扑鼻的红烧肉，剖面上能看出肉皮、肉花、肉体的纹理层次，甚至连肉皮外的细小毛孔亦清晰可辨。看到这块肉石，使人想起饭桌上诱人的红烧肉，馋涎欲滴。清代桐荫仕女巧色玉雕，把江南的庭园建筑、庭园生活，在方寸之间表现得极富生活情趣，而其他美术作品是无法达到这样逼真的艺术效果的。

巧色玉雕是经数千年形成的具有东方情调的华夏瑰宝，魅力无穷，情趣无限。

上海博物馆藏
辽金花果秋色玉饰

乾隆玉雕

中国工艺美术史上的"乾隆玉雕",史称"乾隆工"或"乾隆雕",是指乾隆时期雕刻的玉器作品,既有朝廷玉作坊作品,也有根据乾隆旨意在扬州、苏州等地加工的玉器。

乾隆,即清高宗,是中国清朝定都北京后的第四代皇帝,姓爱新觉罗,名弘历,年号乾隆。他是康熙皇帝的孙儿,雍正皇帝的第四子。二十五岁(1736年)登基,在位六十年,又做了三年太上皇帝。他是中国封建社会历史上实际执政时间最长、享寿最高的皇帝。他还是一位中国传统文化艺术的狂热崇拜者、保护者、实践者及鉴赏家,是中国历史上创作诗歌最多的人。其诗、文、书都能与清代最优秀的作品相媲美。乾隆二十四年以后,清代社会经济繁荣,新疆地区的西昆仑美玉源源不断地进入京师,加上乾隆热衷于研究中国玉器,关心玉器生产,使玉器工艺得到了空前的发展,乾隆时期是中国古代玉器发展的顶峰。

乾隆皇帝研究过的良渚文化玉琮

乾隆爱玉成瘾

乾隆爱玉,与其他爱好玉的人一样,先从爱古玉出发。对上古玉器不遗余力的寻觅,是乾隆爱古玉的一个重要举措。乾隆下令收集流散在社会上的古玉,既满足了他欣赏的要求,又保护了一大批古玉。现在北京故宫博物院、台北故宫博物院收藏的一大批古玉精品,许多是乾隆时期通过不同渠道、不同方式入宫的。乾隆在对古玉进行把玩的同时,还亲自对古玉进行鉴别、定级,辨别好坏优劣,去伪存真,去粗存精,使精品古玉得到了很好的保藏。

乾隆每得到一件贵重的古玉器,先是赏玩考证一番,再赋诗作文,或表达内心喜悦,赞叹先民的智慧;或借物思古,抒发情怀;或重新进行琢纹、改制。譬如将进贡的玉器配架座,刻款等等,实际上是对古玉进行改制。

乾隆皇帝收集的古玉，满意者考证定级，赋诗作文，大加赞赏；不满意者命清宫造办处玉工将其改头换面，重新琢镂。对元代"渎山大玉海"的改造，就是例证。"渎山大玉海"原先置于北海琼岛山顶上广寒殿中，为元代忽必烈的盛酒器。后因时代变迁，历经沧桑，遗落在西华门外真武庙中，为道士当作菜瓮用。乾隆十年，玉海方被重新发现，乾隆"以千金易之"，并先后四次下旨对玉海进行修琢，将原来模糊不清的纹样略加修饰，使旧玉出新貌。

玉器是历史的产物。随着历史航船的前进，玉器又成为历史遗物，成为人们争相搜寻的宝物。古玉毕竟有限，不能满足人们的需求，乾隆皇帝为了满足自己欣赏玉器与宫内陈设玉器的需要，在收藏、研究、改制古玉的同时，还仿制了大量古玉。

在现代考古学兴起之前，古玉更不可能大批获得，于是乾隆还时刻关心新玉的生产，特别关注宫廷玉器的生产，亲自督导造办处的琢玉人员。宫廷重要玉器的生产，从选料、画稿、承接、加工等等，道道工序，各个环节，乾隆皇帝都要一一过问、审查、把关。著名的巨型玉山大禹治水图等许多清代玉器大件名作，就是在乾隆皇帝的倡导、支持下得以问世的。乾隆皇帝还常把画好样的精美玉料发给苏州织造官，令其在专诸巷精心制造。清代宫廷的一些仿古玉，如仿痕都斯坦的"西番作"玉器，相当一部分是按乾隆旨意兴起的仿造玉器。

乾隆还特别重视玉器专业人才的培养，一些地方琢玉高手常被召入宫内"造办处"御制坊从事玉器生产或进行技术指导。乾隆同时还对琢玉高手倍加爱护，尤其对来自苏州的琢玉大师姚宗仁特别赏识，经常与其切磋仿玉技艺，对他的作品赞不绝口。

乾隆玉雕特色

清代经过康熙、雍正两朝的持续发展，迎来乾隆王朝的繁华盛世。在这一阶段，经济文化得到了全面的恢复和发展，玉器工艺也随之兴盛，达到了中国玉雕史上的又一高峰。其玉质之美、琢工之精、器型之巧、产量之高、用途之广、产地之多都是前所未有的。"乾隆玉雕"，具有种类繁多、艺术特色明显等特点，成为了一个时代的风尚和标志，是中国玉器发展史上的一个里程碑。

（1）种类繁多。种类多，器形多，是乾隆玉雕的一个重要特色。在众多的玉器种类、器形中，乾隆玉雕既有仿古玉器、仿痕都斯坦玉器，也有玉山子、玉如意等新颖玉器。

乾隆白玉仿痕都斯坦瓜形洗

仿古玉是乾隆玉雕的重要组成部分，清代仿古玉的精品力作几乎都出自这个时期。无论是工艺、数量，还是题材，都将中国仿古玉技术推到了一个新的高度。

乾隆时期仿古玉题材广泛，种类繁多，有仿良渚文化玉琮、玉龙环的玉器，有仿山东龙山文化兽面纹玉圭，有仿汉代的玉璧、玉佩、玉酒具、玉鸟、玉兽、玉剑饰，有仿唐代的玉人、玉飞天，亦有仿宋、元、明的玉器，特别是仿明代"子刚"玉。

　　乾隆皇帝提倡仿制古玉，首先根据玉器图谱或实物仿制。乾隆八年（1743年）一月廿七日，命造办处按《考古图》所载玉辟邪二件，璜玉马一件，玄玉璁一件，玉琥一件，玉仙人一件之尺寸，各仿做一件。这是按图索骥的办法，即按照图样仿制上古时期的同类玉器。这类乾隆仿古玉辨识真伪较为困难。

　　乾隆二十四年之后，新疆和田玉玉料更便于运至京师，特别是适合琢制器皿的大块玉料的大量获得，刺激了仿造先秦青铜彝器的风向。清代常见的玉觚、尊、壶、觥、簋、炉等，均是这一时期的仿古玉器，不仅丰富

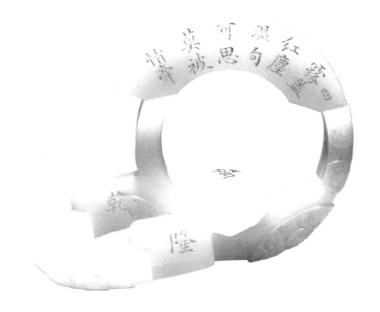

乾隆仿良渚文化玉龙纹玉环

了中国传统玉器的造型，同时也使传统器物以新的形式得以再现。

　　乾隆晚年对匠味十足的清代时做玉很不满意，便大力提倡以三代青铜彝器为蓝本的仿古玉。他贬新样玉为"俗样"，"自矜纤巧而俗不可耐"，称赞仿古玉"返朴还淳"、"形制古雅"。乾隆皇帝推崇仿古玉，影响了一代匠师的琢玉风格，"玉人厌时做，每以古为程"。当时不仅内廷造办处做仿古玉器，连苏州玉器作坊也崇尚仿古玉。这类仿古玉，琢磨精细，是艺术的再创造，满足了乾隆皇帝和文人雅士的鉴赏需要，显示了持有者的学

识和财力。这类仿古玉多数仅是器形或纹样仿古，不在色泽上刻意做旧，容易区别。

乾隆下旨仿痕都斯坦玉器，实在是因为痕玉太精美、太神奇、太令人着迷了。十八世纪痕都斯坦玉器的琢磨工艺别具一格，据说是用水磨琢玉，比砂碾玉器器壁更薄，形成了胎薄如纸、明亮如镜的薄胎工艺玉器。痕都斯坦玉器装饰也是与众不同，花纹装饰母题多为植物花叶，尤以莨苕纹、菊瓣纹和西番莲、铁线莲为主，浮雕阳纹，图案优美，结构严谨，圆润精绝，引来乾隆皇帝的一片赞扬声，"水磨成百瑜，制精画难比"，"西昆玉工巧无比，水磨磨玉薄如纸"；"工鬼更工仙，抚不留手迹"。痕都斯坦玉器除在薄胎壁上雕刻美如画的装饰图样外，还擅长在一些器壁上镶嵌金银丝线，并以红、绿、蓝等色宝石或玻璃点缀，谱出绚丽多彩的华章，在玉器世界中灿烂夺目。当乾隆皇帝看到痕都斯坦玉器在用材、形态、装饰方面与中国传统玉器迥然有别的时候，态度由原来的自爱、自傲、自恃、自负，一下子转变为自愧、自疚、自卑，自叹不如：痕都斯坦玉器"莹薄如纸，惟彼中匠能之，内地玉工，谢弗及也"。于是他下令在清宫内务府设立了专门仿制痕都斯坦玉的作坊，苏州专诸巷也有仿制，这些模仿痕都斯坦的玉器通称"西番作"玉器。

与传统仿古玉不同，"西番作"不是刻意模仿，依葫芦画瓢，也不求以假乱真，而是汲取痕都斯坦玉器造型、花纹、胎体细薄之精巧，用其技术与风格，得到创作灵感，创造出适合中国社会使用的具有自身文化印记的"西番作"玉器。"西番作"玉器给中国传统玉器注入了新的活力，成为中国玉器大家庭中的新成员。"西番作"玉器的制造大本营在清宫造办处，但苏州专诸巷也有仿制。乾隆在歌咏痕都斯坦玉器的诗文中，多次提到专诸巷不如痕都斯坦玉器精巧。在乾隆皇帝的鞭策下，苏州专诸巷玉工也仿制了一批"西番作"玉器。

乾隆玉雕除大量仿古、仿制玉器外，也有许多新款新式玉器，主要有扬州生产的玉如意、玉山子。它们器形大，工艺复杂，成为清代玉器划时代的扛鼎力作。

扬州琢玉业历史悠久，古籍中就有"扬州贡瑶琨"的记载，可见汉代扬州琢玉业已达相当高的水平。清代扬州玉雕高手名家众多，雕琢技艺非同一般，巨型玉山子雕刻仅此一家，别无分号，加上良好的文化氛围，使扬州成为清代宫廷用玉定点生产作坊。扬州玉器，名重京师，多次承担清宫廷陈设玉器的造作。其中的白玉如意用新疆羊脂白玉琢制，玉质洁白无瑕，光滑如脂，造型精美典雅，被皇室定为"扬州八贡"之一，每年都要定量供应宫廷，成为清宫必备陈设之一。

清代玉雕山子的特点是运用整块大玉料，保留和利用天然优美的外观，表现画面丰富、层次重叠的题材，兼收其他玉作之长，是微缩的景观。

扬州玉作有雕琢巨型玉山子的能力。清宫旧藏有近十件大型玉山子，多半出于扬州琢玉艺人之手。清宫遗存的大禹治水图玉山、会昌九老图玉山、关山行旅图玉山、丹台春晓图玉山等，轻者数百斤，重者达数吨。这些不朽的玉山子巨作，从选料、画样、设计到雕琢定型，是一个庞大的系统工程，谱写了中国琢玉史上的新篇章。

清乾隆"丹台春晓"玉山子

山子刻铭

扬州巨型玉山子的雕刻力量和水平大大超过清宫造办处玉作。乾隆三十一年，乾隆皇帝想显示一下宫廷琢玉水平，下旨宫廷玉作承做关山行旅图玉山。由于技术力量不够，工艺水平达不到要求，进度迟缓，难以按技术要求完成雕刻任务。眼看就要半途而废，于是就顾不上宫廷面子，迫不得已转往扬州补琢完工。可见，宫廷玉山子雕琢水平是无法与扬州相比的。扬州琢玉大师前后用了六年时间才把大禹治水图玉山雕刻完成，巨型玉山子雕琢难度之大，任务之艰巨，由此可见一斑。

扬州玉山子艺术特色明显，玉匠善于把绘画技法与玉雕技艺融会贯通，注意形象的准确刻画和内容情节的描述，讲究构图的透视效果。

扬州玉山子采用高浮雕、圆雕技法，能把历史名画加以立体展示，把历史场景刻划描绘得气势宏伟，情景交融，场面壮阔，取法于绘画又胜于绘画，是一门融书法、绘画、雕刻、景观艺术于一炉的立体综合艺术。

（2）特色明显。清代乾隆玉雕，不仅种类繁多，而且艺术特色明显，归纳起来主要体现在以下几个方面：

一是材料以昆仑玉为主。宫廷造办处及苏州、扬州官方定点琢玉作坊对玉料的选择有严格的标准，主要使用西昆仑优质玉料，以和田地区玉为主，主要品种有青玉、白玉、碧玉、黄玉、墨玉等。

不同等级、不同用途的玉器，选用不同的玉材，这是乾隆玉雕用材方面的基本特征。在大量的乾隆玉雕中，我们可以看到，宫廷玉器、礼仪玉器、陈设玉器，如玉洗、玉炉、玉山子、玉如意等，全都是用新疆和田玉雕琢的。宫廷用玉更是全部采用和田玉加工的。

二是造型千姿百态。乾隆皇帝对宫廷玉器要求特别严格，对民间大多具有过浓民俗风情的玉器则贬为"俗不可耐"，极力提倡格调高雅、工艺精湛的玉器艺术。在他的大力倡导下，乾隆年间雕琢了一大批器形大、工艺精、主题新的玉器，其中有古朴浑厚仿三代青铜彝器的陈设玉器皿、岁岁平安的玉如意、显耀身份的玉朝珠、高大精美的玉山子、形神兼备的动物生肖玉等。

乾隆时期宫廷玉器的造型，既可出自有案可稽的经典，又可直接摹仿现实中的明确对象，还有的是直接仿制汉唐玉器的造型。当然，也有新创作的如玉如意、玉佛手等令人耳目一新的陈设玉器，工于设计，巧于设计，别出新样，独出匠意。乾隆时期的玉如意最具大清帝国的时代特色。它本是满族的吉祥物，满族建立大清王朝后，成为太平盛世的象征。乾隆时期的玉如意体量均较大，大多呈灵芝状、如意形，用精美的和阗玉雕琢，雕刻技术达到了炉火纯青的地步。乾隆时期的玉佛手做工也十分奇巧，以精美和阗玉为之，形神毕肖，是中国古代难得一见的仿生玉器，可作花插用，功能与形式得到了完美的统一。

乾隆时期的动物生肖玉做工十分地道，玉料精，雕工好，造型美，神态肖，题材新颖多样，"牧童放归"，"太平有象"，"三羊开泰"，"生动活泼"……令人爱不释手，这与明代生肖玉雕呆板木讷的神态有天渊之别。

三是装饰千纹万花。装饰与造型是工艺美术上的一对孪生姐妹。造型是内容、是本质，装饰是内在本质的外在表现，是形式。两者相辅相成，互为表里，缺一不可。乾隆玉器装饰花纹有以下几方面的特点：

仿古纹样是主流。仿古玉是乾隆玉器不可分割的组成部分。既有器物仿古，又有纹样仿古。在大多数仿古玉器上，造型与花纹同时仿古，而且两者是相统一的，即玉器的型与纹仿同一时代的古器物的艺术风格。如乾隆年间大量的仿古陈设玉器皿，模仿的都是前三代青铜器的造型与装饰纹样，一般是仿制商至春秋时期常见的青铜壶、鼎、簋、卣的型和纹。乾隆玉器仿古纹样有一个重要特点，不是依古样古式全部搬抄，而是根据当时的时代风尚、艺术爱好，在博大精深的中国古代纹样艺术世界中汲取营养，创作出符合清代审美需求的玉器装饰纹样。所以乾隆仿古玉器的纹样都有一种特殊的韵味，如是兽面纹又不像兽面纹，是螭龙纹又不像螭龙纹，表面上是似是而非，实际上具有浓厚的清代仿古玉器装饰纹样的特定时代风格。

吉祥纹样最常见。明代广泛流行的吉祥风俗图案在清代乾隆玉器上得到了进一步的发展，象征好运的"暗八仙"、福、禄、寿、羊，表达普通民众良好愿望的"太平有象"、"高官厚禄"、"吉庆有余"、"一本万利"、"龙凤呈祥"、"松鹤延年"、"鹤鹿同春"、"三羊开泰"等吉祥纹样随处可见，具有强烈的民族风情。这些风俗玉器吉祥纹样，内容与明代晚期玉器上的花纹基本相似，但表现形式有所不同。明代吉祥花纹玉器擅长多层透雕，重点表现的是最上面一层花纹的图纹，底层花纹常忽略不计。乾隆玉器流行浅浮雕及镂空玉器，雕琢得较为精细，具有观赏性。

诗情画意显神韵。玉器装饰纹样最有特色的是具有诗情画意的装饰图纹，也是代表清代乾隆玉器纹样装饰水平的重要纹样。有书画纹图的清代玉器，大多是大件玉器，有山子、插屏、笔筒等，著名的清代大禹治水图、秋山行旅图、会昌九老图、携琴访友图、人物山水图等，都是以传世书画名作为蓝本雕琢的不朽之作。清代玉器的图像纹样，不再是明式玉器画样的平铺直叙，而是以浅浮雕、高浮雕、透雕、圆雕多种技法融为一体的综合玉雕艺术，形成清代玉器装饰独特的艺术韵味。

有一些乾隆玉雕的底部或侧面有"乾隆御用"、"乾隆御赏"、"乾隆年制"等铭款，或在正面、侧面或一角有短篇器名、长篇诗文等刻铭。这些铭刻是得到乾隆特许的，如据《造办处成做活计清档》载："乾隆元年四月初一日交红白玛瑙杯一件，传旨：着刻'乾隆年制'款，钦此。"这些玉器比较容易辨别。还有一些乾隆时期的玉作，特别是苏州专诸巷专为宫里制作的一些玉器，由于琢磨时还没有得到乾隆皇帝的认可，一般没有铭款，但同样是乾隆玉雕的重要组成部分，需要认真辨别。

陆子冈玉

凝聚着先民过人聪明才智和卓越创造的中国玉器艺术，是中国艺术宝库中的一枝奇葩。而创造这些物质财富、精神财富的无数能工巧匠，由于他们的身份是"匠"，在世俗眼光里低人一等，因此只留下了他们的作品，而淹没了他们的姓名。宋元以后，中国艺术逐渐商品化，加上皇帝的爱好与大力提倡，逐步设立皇家艺术机构，艺术家的大名镌刻书写在其作品上慢慢成风，渐成习惯。宋代画家款识藏而不露，至元代由于文人画的兴起，落款才出现在书画的显著位置。相对于书画家，工艺美术家的款识绝对是少的，瓷器上几乎没有一个，漆器上也只有张成、杨茂等少数几个款识，玉器上留款识的更少，明确的只有明代陆子刚一人。陆子刚也称陆子冈，是明代中晚期活跃于苏州的著名玉雕艺术家，也是中国玉雕史上最负盛名的艺术大师。

子冈其人

在玉器界直至工艺美术界，陆子刚名气很大，具有传奇色彩，但其生平事迹所载甚略。

子刚生活在 15 世纪，明代嘉靖、万历年间活跃于苏州玉肆行。《太仓州志》称陆子刚为"州人"，载曰："凡玉器类，沙碾。五十年前，州人有陆子刚者，用刀雕刻，遂擅绝。今所遗玉簪，玲珑奇巧，花茎细如毫发。"并称子刚为"吴门人"。太仓毗邻苏州，有学者指出，太仓可能是子刚的祖籍地，苏州是其从艺的地方，应是可信的。明代中晚期的苏州是全国琢玉中心，而且主要集中在市中心专诸巷一带。

明万历举人文震亨《长物志》述及琢玉名匠"近有陆子刚"。明陈继儒《拟古录》载"乙未（1547 年）十月四日，于吴伯度家，见百乳白玉觯，觯盖有环贯于把手上，凡十三连环，吴门陆子刚所制"。从这两条文献记载看，我们仅能知道子刚大致生活在 15 世纪中叶，但具体生卒年月无从查考。

工艺美术高超的绝活，一般是父传子，子传孙，世代相传，发展成工艺世家。不知何故，子刚琢玉技艺竟然不传子女或弟子。《太仓州志》载："子刚死，技亦不传。"至于子刚的死因，无可靠文献记载，仅有传说而已。据传，子刚在一件龙形玉器上，刻了"子冈"款，后被人告发，冒犯了皇上，被秘密赐死。子刚治玉前无古人，技艺卓越，生时无名，不载生日，在情理之中，卒年无载，应事出有因。总之，子刚的死因，还是一个谜。

陆子刚名，文献上都写成"陆子刚"或"子刚"，而玉器款识常写成"子冈"或"子岗"。鉴此，我们认为，"子刚"是人名，"子冈"、"子岗"是艺名。

艺术风格

从文献记载、传世与出土玉器之中，大致能勾勒出子冈玉的艺术风格。

一是尽展材质美。子刚治玉，选材严格，大多选用新疆和阗青白玉，温润细腻；也用名贵新疆羊脂白玉，晶莹剔透；还用杂色玛瑙，以巧色工艺治理。北京故宫博物院藏有子冈款茶晶梅花花插。茶晶以茶色为主，局部带有白色，子刚因材施艺，将其琢成梅段形，茶色部分琢成树干，中空，干枝上二分权枝，枝上白色部分巧作为梅花朵。背面琢"疏影横斜，暗香浮动"诗句。整个花插形如梅椴，白花茶枝，诗文相配，反映出陆子刚对巧色玉琢磨的极深造诣。

优质玉材是雕琢一流玉器的先决条件，加上子刚独特的设计，出色的工艺，故子冈玉越显华贵。

二是实用器放首位。子冈玉多用作装饰以及器皿容器，主要玉器品种有发簪、壶杯、水注、印盒、花插、笔筒、香炉等。子刚琢制的水仙发簪，"玲珑奇巧，花茎细如毫发"，形神兼备，娇嫩的花朵，形若真生，有露涓细润之妙。其作品之巧，非人工所能想象，深受当时吴门贵妇的喜爱，当时"价一枝值五十六金"。子刚所制器皿，选型规整，形态多变，既古朴，又典雅，展示出苏帮玉雕特有的灵秀。

四川博物院藏明代陆子冈玉盒

三是运用绘画透视技法。艺术都是相通的，古代文人提倡琴棋书画四艺，修养要全面。同时，古代画家又追求书画诗印于一体。一个杰出的艺术家，其修养是多方面的。子刚治玉进一步弘扬宋元以来琢玉与绘画相融的技艺，山水人物，花草虫鱼，龙凤麟螭，竹石桌凳，无不构图巧妙，远景近点，层层渲染，游刃有余，达到了出神入化的艺术境界。据传，子刚碾玉，技压群芳，深得明代皇帝的赏识。一次，皇帝试其才艺高低，拿出一玉扳指，命他在扳指上雕刻"百骏图"。几天后，子刚琢完"百骏图"，呈上玉扳指。只见扳指上并无百骏景象，在崇山叠峦和敞开的城门间，仅有三匹骏马，一匹马已进城门，一匹马正向城门飞奔，另一匹马于山谷间仅露出马头。作者巧用绘画上的虚拟之法，以少见多，表现出百骏之意，构思巧妙，出人意表。

四是融会各种琢玉技艺。子刚在明代名声已很大，成为名家，其非凡的技艺是关键。子刚治玉能将圆雕、镂雕、浮雕、剔地阳文和阴线刻描等多种琢玉技艺融会贯通，无不精湛。子刚因器施艺，艺随器现，圆雕、镂雕运用于器皿装饰；剔地阳文、浅浮雕表现出山水人物画面；阴线刻纹则是各类玉器细部装饰的惯例。

五是首琢诗文印款。用诗文装饰玉器，首见于汉代刚卯玉器，但终因玉材硬度高，在玉器上琢刻书文难度大，仅昙花一现，不为后传。子刚从中国绘画中汲取艺术营养，将诗文与花卉纹样互相配合，同饰于一器，进一步深化艺术主题，更好地表达出作者的设计匠心。子冈玉上的铭款诗句，既有作者自己所撰，也有名人名句摘录。诗句的书法体，有草书、行书、行草多种，字体清秀有力，富有书卷气。子刚还移植绘画表现方法，在其所制玉器上镌刻名款印章。

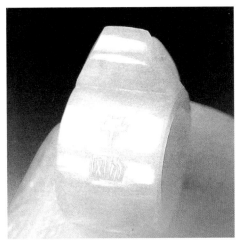

北京出土明代"子刚"带盖玉卮　　　　玉卮把手上的"子刚"款

明代苏州玉雕在陆子刚等琢玉艺术大师的影响下，形成了玉器雕琢艺术材料美观、设计独特、工艺精湛和作品完整的"苏帮玉雕"艺术风格，风靡全国。以作品创业，以工巧立业，以艺术兴业，以玉文化引领时尚，以精品占领市场，以特色获得发展。"苏帮玉雕"引领全国琢玉艺术，成为全国琢玉中心，影响深远。

子冈玉牌

"子冈玉牌"，是玉雕艺术发展进程中独树一帜的经典款式，数百年经久不衰，风靡至今。子刚制玉挂件，为方形或长方形，宽厚敦实，犹如牌子，故简称为"子刚牌"、"子冈牌"。子冈玉牌的特殊魅力，体现在别开生面的形态、精美的玉质和精细的雕工上。在它身上，我们可以看到书画艺术与玉雕艺术融于一体的艺术风范，领略到陆子刚玉雕的艺术风采。方形的子刚牌，非新疆和田佳料不用，洁白如瑕，滋润温柔，花纹图案出类拔萃，以高超的琢玉技艺，多作剔地阳纹，以浅浮雕形式，将书画图纹表现得曲尽其美，淋漓尽致。常常一面琢山水、花鸟、人物、走兽图，虽用琢玉工具碾出，仍不失画家的笔墨情趣；另一面雕刻诗文，龙飞凤舞，仿佛是名书家直接书写其上，并琢有子冈印款。将中国的书画艺术镌刻在玉

清代戏曲故事子冈款白玉牌

牌的正反两面，加上玲珑剔透的牌头装饰，具有较高的观赏性，玩味无穷，是子刚牌大受欢迎的主要因素。

子刚牌艺冠群玉之上，价格常数倍于它玉，一经面世，立即受到朝野上下的关注和文人墨客的喜爱，常常供不应求，形成了一股不小的摹仿之风，不仅明代有人暗中悄悄仿制，甚至清代、民国都争相仿制。当今苏州、扬州不少玉作坊还在仿制子刚牌。有不少人对子刚牌情有独钟。可见子刚玉牌影响之大。

明以后有子冈款而非子刚制的仿制玉牌子，学界一般称为"子冈款牌"，以区别于陆子刚亲自设计制作的"子冈牌"。"子冈牌"与"子冈款牌"的区别主要有三点：一是"子冈牌"反映的是明代晚期高难度浅浮雕的琢玉风格，精雕细镂，一丝不苟；"子冈款牌"表现的是清代或是民国玉器的工艺，表面虽类似子冈牌，但纹里行间缺乏神韵。二是"子冈牌"多为文人佩戴的玉牌，有高雅的艺术趣味；"子冈款牌"是大众佩戴的玉牌，因而图案多具吉祥或风俗趣味，以迎合民众的需求。三是陆子刚主要活动在苏州专诸巷，属民间玉雕艺术家，不是朝廷御用玉匠，其玉雕作品上不可能出现宫中常见的大龙大凤形象，牌头装饰只能用图案化的拐子龙，隐隐约约。民间大量流行的大龙大凤子冈玉牌，应是清末或是民国时期的"子冈款牌"。

深受明代吴门雅士厚爱的子冈玉牌，是名副其实的中国玉器第一佩。

金镶玉

在中国文化艺术宝库中，特别是珠宝首饰等贵重宝物中，有许多金与玉互为一体的器物，或金中镶玉，或玉中嵌金，富丽堂皇，精美无比。这是中国金玉工艺、首饰文化的重要特色工艺，有金镶玉、玉镶金等多种工艺形式及装饰技法。

金镶玉

"金镶玉"，顾名思义，就是在金饰件上镶嵌各种玉石，这是一种特殊的金、玉加工工艺，是一种特别的金、玉镶嵌于一器的珍贵宝物。金镶玉宝物，以黄金为主，宝玉仅是器物的镶饰。

自北京奥运会奖牌采用"金镶玉"以来，"金镶玉"名声大振，为民众所熟知。其实，金镶玉工艺在中国起源很早，早在四千多年前就有了这门独特的工艺。早期的金镶玉不一定用黄金镶玉，也可能用青铜镶玉，因为在古代，贵重金属都称"金"，如西周铜器上的"吉金"铭文，"吉金"指的就是青铜。

云南出土西汉金镶玉镜

最早的金镶玉工艺器物，见于夏商时期的嵌绿松石铜牌、铜柄玉戈等器物。商代的铜柄玉戈、玉矛等镶嵌玉武器，一般前端为玉质戈、矛，后端为青铜制，玉与青铜合铸于一体。弯曲的青铜柄上用绿松石镶嵌兽面纹等纹样。从众多的商代铜玉镶嵌器可以看出，商代的铜玉合铸、铜玉镶嵌技艺，已取得惊人的成就。战国时期，还使用玉环镶嵌于铜镜的背面，如美国哈佛大学艺术博物馆藏的一件直径12厘米的铜镜，背面镶嵌绞丝纹玉环，与北京奥运会金镶玉奖牌工艺几乎完全一致，两千年来玉与青铜一直紧紧地粘在一起，简直令人难以置信。

真正的金镶玉器，战国时期比较多见。浙江省绍兴306号战国墓出土的玉耳金舟，是一件金镶玉器。金舟呈椭圆形，似羽觞，两耳为玉质，呈圆形环，断面方正，饰卷云纹。河南辉县固围村 5 号墓出土的包金镶玉嵌琉璃银带钩，是楚国金玉器的又一杰作。带钩呈琵琶形，底为银托，表面为包金组成的浅浮雕兽首，两侧缠绕两条虬龙，龙首交于钩端，口衔一状若鸭首的白玉带钩。钩背上嵌三块谷纹白玉玦，玦孔嵌有琉璃珠。

值得一提的是，明代贵妇首饰多用金镶玉、金镶宝工艺，品种有胸饰、发饰、佩饰、服饰等。数量最多、工艺最精、形态最美、价值最高的当数发饰，大部分为发簪。明代贵妇首饰，用料名贵，多用黄金、玉宝石镶嵌而成。一些熠熠生辉的红宝石、蓝宝石，多为"舶来品"，大多是随着郑和下西洋从斯里兰卡等地输入的。形态生动，富有创意，许多作品出人意料，小小发簪上面形成了气象万千的艺术大世界，或金花盛开，或金果累累，或金玉共生，或金宝相映。或横或纵，或圆或方，或厚或薄，或实或镂，琳琅满日，令人目不暇接。

明代江南贵妇首饰，工艺精湛，巧夺天工，宛若天成。金丝细如毫发，金珠小如芝麻，金编如织锦，人物、宇舍、动物、花果等无不形象生动，妙趣横生。

明代贵妇首饰，色泽艳丽，搭配和谐，珠光宝气，金光闪闪，历经数百年后仍不失雍容华贵的风采，具有独特的灵气，独领中国首饰风骚。明代贵妇首饰繁而不乱，多而不奢，精而不粗，艳而不俗，完全可以媲美任何西方名牌首饰。这是真正的中华瑰宝，真正的东方艺术。

江苏出土明代金蝉玉叶

玉镶金

　　"玉镶金"，顾名思义，就是在玉器上镶嵌金饰，技艺、形态与金镶玉完全一致，不同之处是金镶玉器物以黄金为主，宝玉仅是器物的镶饰；玉镶金器物以玉为主，黄金仅是器物的镶嵌饰物。

　　战国及汉代，玉镶金与金镶玉同步发展。考古发现出许多精品力作，特别是南越王墓出土的玉龙镶金带钩，堪称绝品。在 S 形玉龙佩的尾端，镶扣一虎首形金带钩,虎额剔地阳文"王"字。龙虎相拥为"王",玉金镶扣,弥足珍贵，可见玉金合器在当时人们心目中的崇高地位。

　　隋唐时期玉镶金器更多、更巧妙。陕西出土的隋唐镶金玉盏、金兽首玛瑙杯、镶金白玉镯，均是这一时期玉镶金名作。镶金玉盏，在一圆形白玉盏口沿镶扣金边，金玉互衬，富丽而高雅，光彩耀人。金兽首玛瑙杯，玛瑙兽口镶一金饰，具画龙点睛之妙，引人注目。镶金白玉镯，用三对金扣子将三段白玉连接成一个精美绝伦的玉镶金手镯，既精细又灵巧，随时可以启合，方便使用。

　　中国工艺美术发展至清代达鼎盛时期，金玉工艺得到了空前的发展。清代皇家所用金玉器集中在养心殿造办处金玉作加工，部分由地方高官进

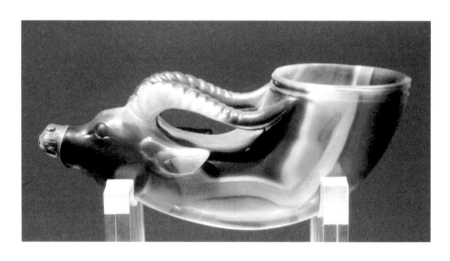

陕西出土唐代镶金玛瑙杯

贡。由于清代"黄"与"皇"同音，黄色成了皇家的专用颜色，故黄金制品布满皇室。又因清室信奉藏传佛教（喇嘛教），青金石是佛家高尚纯洁的标志，绿松石则是藏民最喜爱的宝石，故清代佛像、经塔及法螺、法轮、宝伞、白盖、莲花、宝瓶、双鱼、盘长佛八宝，均镶嵌大量精细的青金石、绿松石。艺术一旦被宗教过度利用，就难免降低了多彩的特性。由于清代金玉制品多为佛法器，以致过于精细而灵秀不足，过于规矩而缺乏变化。在当时与佛法器相比并不起眼的钿翠、玉金首饰、胸花等，虽然形体小却设计巧妙，制作精细，使金玉饰品的大众化迈出了可喜的一步，一直影响着当代金玉首饰工艺。

陕西出土唐代镶金玉镯

北京故宫博物院藏清代玉镶金匙

无论是金镶玉，还是玉镶金，其多姿多彩、质贵工精的特色都呈现出迷人的风采，独具魅力，背后反映了工艺美术上的金玉观念，以其至尊至宝，蕴含着多层文化意义。

（1）珍宝至尊。中国古代崇尚珍宝，常常将其藏之深宫，传之后代。"宝（寶）"本是一个会意字，意为珠玉、货贝、器皿均可视为宝物加以收藏。《说文》释"寶"字："从宀玉贝，玉与贝在屋下会意。""缶"原意为陶罐，这里泛指一切宗教、生活用器皿。商周以后，冶炼、冶铸技术发达后，金、银、铜、铅、锡等金属又被列入宝的范畴。《太平御览》、《艺文类聚》等古籍，都将金、玉同时列在"珍宝部"或"宝玉部"。尽管随着人们对物质世界认识的不断扩大，科学技术的飞速发展，宝的范围和种类也不断变化，但金玉自古以来一直被列为珍宝之首。《周礼·春宫·巾车》"王之五路"，首为玉路，次为金路，其后是象、革、木三路。《管子》："以珠玉为上币，黄金为中币，刀币为下币。"《韩诗外传》载："楚襄王遣使者，持金千斤，白璧百双，聘庄子，欲以为相，庄固辞而不许。使者曰：黄金白璧，宝之至也，卿相尊位也，先生辞不受，何也？"金玉尊之为宝，实因金玉以最小的体积凝聚着最大的财富，并且不受时空的影响，具有永恒的经济、文化价值。

（2）贵重之符。金玉被列为珍宝之首，成为贵重之符，是很自然的。《诗经·小雅·白驹》"毋金玉尔音，而有遐心"，意为别太珍惜你音讯，有心疏远不相与。《老子》"金玉满堂，莫之能守"，意为最多的财富也无法守住。《管子》"人君唯无好金

西藏博物馆藏
清代镶宝金瓶和签

故宫博物院藏清代雕花嵌宝石金盒　　　　　陕西神木出土战国金怪兽

玉货财。必欲得其所好，然则必有以易之"，是说国君最好不要贪恋贵重
的金玉财宝，否则就有江山易主的危险。《文选》："懿律嘉量，金科玉条。"
李善注："金科玉条（律），谓法令也。言金玉，贵之也。"《西厢记·张
君瑞害相思杂剧》第四折："往事已沉，只言目今，今夜相逢管教惩。不
图你甚白璧黄金，只要你满头花，拖地锦。"以上文献均表明，金玉都是
贵重物质的象征。

（3）美好之征。金玉质地紧密，不易变质，内蕴精光，长期以来被
人们视为美好的象征。刘基《卖柑者言》："又
何往而不金玉其外，败絮其中也哉。"美
满甜蜜的婚姻都用"金玉良缘"来形容，
将金玉的美好特征凸显出来。

（4）儒佛之德。无论是中国的儒家、
道家，还是外来的佛教，都将金玉作为德
符。《孟子·万章下》："孔子之谓集大成，
集大成也者，金声而玉振之也。金声也者，始
条理也；玉振之也者，终条理也。始条理者，智之事
也，终条理者，圣之事也。"道家将金玉视为神药。葛洪
《抱朴子·仙药篇》："玉亦仙药，但难得耳。"《玉经》："服金者，寿如金；

陕西西安出土
隋代金镶边玉杯

服玉者，寿如玉也。"佛教僧侣将金玉宝石视为佛宝。《法华经》将金、银、琉璃、砗磲、玛瑙、真珠、玫瑰列为七宝。黄金佛法器上镶嵌玉宝石或者玉石上镶金，就成为宝中之宝的圣物了。

布达拉宫藏元代玉镶金八思巴像

文道：君子比德于玉

玉象征着美，玉的细腻质地、绚丽色泽、温润品质，是其自然属性，古人喻玉为美好的象征。金童玉女、抛砖引玉、琼楼玉宇、婷婷玉立、金玉良缘，都可以看出玉象征着美好。

中国玉的历史地位

对于玉的推崇，是中国文化的重要特色之一。玉器在中国文化
史上的重要性可用四句话来概括：一是对政治、礼仪、工艺、
宗教、信仰、习俗、审美情趣等方面的影响，没有任何古器
物能与玉器相比；二是自新石器时代一直绵延至今的灿
烂的八千年华夏文化，唯独玉文化经久不衰，而且随着
文明长河的延伸，其生命力越来越旺盛；三是中国人
数千年来一直珍爱玉器，无论男女老少，也无论贵
族平民，更无论北方南方，都把玉视为宝物，都将
玉视为信物，加以珍藏、佩戴；四是中国玉文化是
没有中断、延绵至今的东方文化遗产。

玉器在中国古代文化艺术宝库中的地位和影
响，呈现在起源早、延续时间长、用途广、体现中
国人精神世界等方面。

悠久的历史

众所周知，陶器的出现是古代文明发端的重要标志之一。

玉器的起源比陶器还要早，它是人类长期使用的石制工具的衍
生物，是人类对矿物知识长期积累的结果。早在旧石器时代晚期或新

石器时代早期，中国大陆上的远古先民就开始了对玉料的利用，在西藏高原北部的黑河、聂拉木县的亚里、羊圈以及阿里的日土等处发现的细石片、细石叶、刮削器、尖锐器等细石器，其中一部分是用碧玉、玛瑙、玉髓、水晶制作的。黑龙江克尔伦牧场遗址出土压制石器的原料主要是玛瑙、碧玉、石英等，器形有尖状器、切割器、圆刮器、石核石器等。可见人类对玉料的使用早在几万年前就开始。具有规范形态及明确用途的玉器出现在三万年前。在长期的石器使用过程中，古人将美石从普通石块中分拣出来，琢成不同于生产工具的专门礼器或饰物。"石之美者为玉"，既形象地概括了古人对玉的认识，也点出了玉的本质。

　　早期的琢玉业是附属于制石业的。至新石器时代中晚期，北起查海文化、兴隆洼文化、红山文化，南至台湾卑南文化，东起河姆渡文化、良渚文化，西至仰韶文化、龙山文化、齐家文化，均琢制玉器。当时已使用独特的治玉方法琢玉，即用解玉砂辅水，用砥、磨、刻、碾、琢、雕等方法成器，最后上光，和制陶制石工艺一样，琢玉成为独立的手工业部门。

江苏出土西汉玉豹　　　　　　　　　　安徽出土凌家滩文化玉猪

　　从玉的最早利用至玉雕工艺部门的独立，其间经历了数万年的历程。因此，玉器是中国文化艺术宝库中起源最早的艺术门类之一。

　　玉器不仅起源早，而且绵延时间长，中间曾有多次跌入低谷，但每次都是"山穷水尽疑无路，柳暗花明又一村"。玉器发展的脉络不仅没有中断，而且每次走出低谷后都得到更大发展。自新石器时代中期形成独立的玉雕工艺迄今，七八千年连绵不断，在中国文化艺术宝库中仅此一例。

广泛的用途

玉器不仅起源早，延续时间长，用途也比较广泛。根据出土玉器和文献记载，玉器的用途至少表现在十个方面，具体包括：有以玉组佩、玉翁仲、玉刚卯、玉辟邪、玉司南佩为代表的瑞祥玉；有以玉斧、玉刀、玉带钩、玉簪、玉器具、玉文具为主的用具玉；有相互赠送、表达个人情感的爱情玉；有以仿照古代青铜彝器、瓷器造型或前代玉器为主角的仿古玩赏玉；有贿赂诸神，用以沟通人间生灵与阴间神灵，用于祭祀天地四方的黄琮、苍璧、青圭、赤璋、白琥、玄璜等礼仪玉；有分别官阶等级名位高低的圭、璧瑞玉；有比作君子高尚美德的道德玉；有朝聘、嫁女、贺岁、请安的馈赠玉；有以玉玲、玉握、玉衣、九窍塞为代表的丧葬玉；还有延年益寿的药用玉。玉器用途之广泛，在中国文化艺术宝库中是极为罕见的。

如果仔细分析玉器的这些用途，我们会发现不同的历史时期出现了适合当时社会需要的不同玉器，一部分玉器的用途已成为历史，如玉衣、玉枕、玉握猪、九窍玉塞等丧葬玉，玉牙璋、玉琮等祭祀用玉等。还有相当一部分玉器，古代曾大量使用，当下还在琢磨使用，日常生活中的实用玉器，如玉带钩、玉玺印，前者可紧衣束腰，后者是真凭实据。当下最受大众欢迎的佩饰玉器，如玉挂件、玉佩饰、玉把件，都是具有把玩价值的玉器。玉器虽小，作用不小，与人的关系密切，既可用于装饰，又能张扬个性，提高品位。显示富贵与气派的玉瓶、玉山子等陈设玉、摆设玉，这类玉器形体大，工艺精，反映出当代玉器工艺的发展水平。

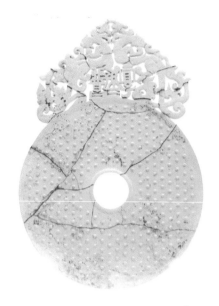
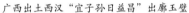

广西出土西汉"宜子孙日益昌"出廓玉璧

国家博物馆藏战国螭食人玉佩

精神的载体

　　中国玉器在七八千年的历史长河中，曾扮演众多重要角色，不仅是美的音符，也是财富的见证，更重要的是体现出中国人的道德情感。

　　玉象征着美。玉的细腻质地，绚丽色泽，温润品质，是其自然属性。古人视玉为美好的象征，如金童玉女、抛砖引玉、琼楼玉宇、婷婷玉立、金玉良缘等，都可以看出玉象征着美好。

　　玉意味着财富。人们常说黄金有价玉无价，说明玉的价值比黄金更大。人们喜欢金玉并论，如金相玉质，金玉满堂，堆金积玉等，这里指的是玉的价值。汉文字中的"珍"、"宝"等字，都与玉有关。而人们习惯上对金、银是从价值、质地上着眼的，玉的真正价值，是玉器的材质美、雕刻美并由此产生的历史文化艺术价值。春秋战国时期"和氏璧"的故事，足以说明玉的价值连城。

　　玉是伦理道德的标志。孔子曾说过"君子比德于玉"。《春秋繁露》载："公侯贽用玉，玉润而不污，至清洁也，故君子比德于玉。玉有瑕秽，必

陕西出土东汉玉辟邪

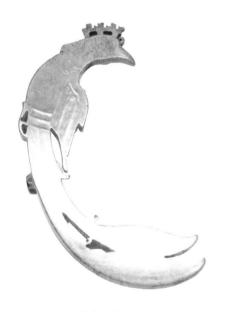

河南出土商代玉凤

西安市汉长安城遗址出土
"祭坛泰山"汉代玉牒

见于外，故君子不隐所短。"《遵生八笺》曰："上古用玉，珍重似不敢亵。"我国先民把玉当作修身的标准和个人的品德，成为一种具有社会道德含义的特殊物品，由此可见一斑。

玉是等级名位的"护照"。早在玉文化的童年时期，占有大量精致玉器的都是氏族显贵。玉器一开始就打上了权力、等级的烙印。进入阶级社会后，玉成为身份高、权力大、财富厚的祥符。

玉是神灵的化身。古人认为，玉是山川精英，有灵性。中国自古视玉为瑞宝，以为只要佩戴了玉石，或用玉器献祭，就可以趋吉避凶，带来福祉。《红楼梦》将玉的神灵效应描写得最为神秘，"通灵宝玉"驾驭着贾宝玉生死福祸的命运。

华夏玉龙文化

中国是玉的王国，也是龙的故乡。玉以物质形态出现，龙以艺术形象传世。玉与龙巧妙完美结合的最早艺术形象，至今已有五千多年的历史。在历史发展的长河中，玉与龙始终形影不离，珠联璧合，美玉持续书写中华文化史，瑞龙不断以新的形象出现，并被赋予新的内涵，共同谱写了绚丽多姿的华夏玉龙文化。

文明起源的标志

华夏玉文化已有八千余年的历史，而玉龙文化已有五千多年的记忆。玉龙横空出世，就以别致的形态、独特的个性、精致的工艺展现在人们面前。

红山文化是考古发现玉龙最多也可能是时代最早的中国新石器时代文化。

红山文化玉龙，有猪首形玉龙和C形玉龙两种形式。

红山文化猪首形玉龙，大多数依玉料自然形态和大小随形施艺，艺尽其材，琢磨大小不一的猪首形龙。大者高度超过20厘米，小者尺寸只有3至4厘米，有人称为"龙胎"。猪首形玉龙，无论形体大小，都有其基本特征。形体厚重，龙体卷曲，中透圆孔，首尾相连，龙首高耸，酷似猪首，故称猪首形龙。背部常琢有一小孔，可以用来佩挂。据学者研究，红山文化部分玉龙之所以琢成猪首形，实因动物崇拜。分布于辽宁朝阳地区的红山文化，当时已进入定居农业社会，家猪饲养是重要农业经济。对氏族的发展，民众生活的保障，意义重大。人们视猪为神，加以崇拜。因此，红山文化猪首形玉龙，是古代中国农业社会形成与发展的重要见证。

红山文化C形玉龙，是红山文化另一种玉龙形式，因形态如英文字母C故名，知名度高于猪首形玉龙。C形玉龙形体一般大于猪首形玉龙，卷曲的身体，微微向前倾斜的龙首，飘拂的鬃毛，充满着动感，孕育着力量，犹如飞速奔跑的神兽。据笔者研究，C形玉龙主要分布于内蒙古草原地区的红山文化，以游牧经济为主，C形玉龙是草原上长角类动物形象特征的提炼与概括，也是动物崇拜的产物，气势不凡。C形玉龙背上也穿有一小孔，可以佩挂，当然不是一般场合一般人可以佩挂的，而是原始宗教萨满巫师主持法会时佩戴使用。

安徽出土凌家滩文化玉龙

辽宁出土红山文化猪首形玉龙

当东北红山文化高产玉龙、广泛使用玉龙的时候，同时期或时间稍晚的江淮流域的凌家滩文化、长江中游的石家河文化、长江下游太湖地区的良渚文化等新石器时代中晚期文化，也开始琢磨玉龙或龙形玉器。

考察中国新石器时代不同文化的玉龙关系，相互之间没有传播与交流的关系，是各自独立产生的。在原始社会进入几乎相同的发展阶段，各个阶段不约而同使用同一种材料琢磨同一种艺术形象，这是偶然巧合还是历史发展的必然？耐人寻味，值得思考。不同地区的新石器时代玉龙，既是各地新石器时代文化发展水平的重要标志，同时也是早期中国文化文明发展的一个里程碑。南北东西众多的玉龙，至3000年前左右逐渐汇聚于中原，成为华夏先民共同认同的华夏玉龙，成为中华文明起源与发展的重要标志。

帝王帝国的象征

中华民族是龙的传人，帝王则是龙的化身，神龙下凡，称为真龙天子，所以龙的形象是至高无上、神圣不可侵犯的。

考古发现及博物馆珍藏玉龙表明，玉龙不仅是帝王喜爱使用和佩挂的玉器，同时也是帝王威严、帝国权威的象征，具体表现在玉龙佩、玉龙饰和龙钮玉玺、玉宝等方面。

从远古的商周王朝，直至清代，玉龙都是帝王必佩之玉。河南省殷墟发现的妇好墓，据考证是商代帝王武丁妻子的墓，她生前英勇善战。墓内出土了许多玉龙，表明商代帝王及其他王室人员均使用玉龙。商代玉龙既有新石器时代玉龙通体卷曲的遗韵，同时又开始打上商代玉龙的时代烙印，龙首上出蘑菇状双角，是其重要特征。形式多样的龙纹形象，在象征国家的商代青铜鼎、青铜簋上大量出现，表明龙的形象已深入人心，成为华夏文化传承发展的重要符号与标记。

西周时期王室家族墓出土的玉龙，虽然形态还没有脱离卷体的基本造型，但玉龙身上开始出现曲折的龙衣，玉龙开始向更完备的形态发展。同时，西周开始出现龙纹玉璧，实现了真龙天子与宇宙天体（古代玉璧象征着天）的完美结合，玉龙与帝王的关系进一步确立。

从战国到汉代是玉龙的黄金时期，也是帝王使用玉龙最广泛、最重要的时期。"战国七雄"墓中出土的数量最多、体量最大、工艺最精、装饰最美、结构最复杂的玉器，基本上都是龙形、龙纹玉器，而且都是由帝王或诸侯王占有、使用。如战国时的楚国、曾国出现了大量的太极图形玉龙，使用时由数件玉龙垂直挂成一串或两串，构成不同凡响的玉龙佩。江苏省徐州市狮子山西汉楚王陵，尽管陵墓严重被盗，仍出土了数十件玉龙，大小不一，形态有异，而且用料讲究，均使用上等新疆和田白玉琢磨，晶莹滋润，雕刻工艺更是精美无比，成为目前所见最优美的西汉玉龙。

魏晋南北朝和唐代，尽管玉龙较战国和汉代大为减少，但龙的形象随处可见，龙的形象变得更加高大、威严、丰满，这是华夏玉龙最优美、最生动的时期。这时期的玉龙，形体较大，除用于服饰佩挂外，也可能用于室内陈设、车马装束、用具构件等。如陕西省西安市东南郊曲江池遗址出土的唐代龙首形玉饰件，长18厘米，以整块青玉立体圆雕，大目外突，眉梢上卷，长吻高翘，长须后卷，獠牙外露，双角弯曲，形象凶猛，类似建筑屋脊侧面的鸱吻。龙首下面带一凹槽，便于固定，当为唐代皇宫建筑或皇室器具的上饰玉，因为曲江池是唐代皇家园苑。

河南殷墟出土商代玉龙　　　　　　陕西出土唐代玉龙首形饰件

辽金元代时期，虽然都是少数民族首领统治，但均师法中原文化，礼仪制度、文化符号也都采用中原的，帝王皇室与汉族一样，同样喜欢龙形、龙纹艺术品，特别厚爱玉龙。如辽代陈国公主夫妇墓出土了多件精美的玉龙、琥珀龙。

辽金元代除团龙、行龙、升龙、云龙等形象外，还新出现了鱼龙形象的玉器，美国西雅图美术馆、上海博物馆均有收藏。鱼龙纹不是鱼与龙两种动物的合称，而是似龙非鱼的一种动物，龙首，鱼身，鸟翅，呈飞跃跳动状。据学者研究，这类纹样源自印度"摩羯纹"。摩羯是一种长鼻、利齿、鱼身的水兽，梵文为 makara，汉文译作摩竭、摩羯、摩伽罗等，其起源大概是古印度人对鱼（尤其是鲸鱼）、象、猪、鳄等动物的多元集合。随着佛教特别是藏传佛教传播到内地，摩羯纹也随之传入，在美术家眼中视为"佛教龙"，为华夏龙增添了新的元素与内涵，元明清时期的许多艺术品上，均有这类纹样出现。民间习惯上仍将"摩羯纹"称作"龙纹"，同时还逐渐与中国传统文化中的鱼龙变幻、鲤鱼跳龙门混为一体，成为元明以来中国民间喜闻乐见的图案。

明清时期，龙不仅是帝王的化身，还是帝王的"专利"，民间工艺美术品不能随意雕刻龙纹，否则极可能招来杀身之祸。在这种情况下，明清时期龙纹、龙形玉器大为减少，高水平的艺术家谁还愿意去干这种吃力不讨好的活？这直接影响到明清时期玉龙雕刻的艺术水平。明清时期的玉龙形态，完全没有战国和汉代上天入地、腾云驾雾、万龙奔腾的活泼形态，而是留着长须，目光滞呆，或高高痴立，或低首苦闷，只具躯壳，没有神采，仿佛是明清帝王的画像，预示着封建帝国穷途末路，没有回天之力。

北京艺术博物馆藏明代龙纹玉盘

祈福兆吉的神物

一门艺术，一种形象，一个神偶，能在历

史上传承千百年，至少要具备深厚的历史文化底蕴、历代统治者不遗余力的大力推动与倡导、民众的真心喜爱三个重要条件。玉龙数千年经久不衰，还有一个重要原因，就是作为扎根于大众的既威武无比、又让人喜闻乐见的吉祥形象、吉祥图案，成为大众祈福兆吉的神物。具体表现在神龙降雨、乘龙升仙、龙凤呈祥、双龙戏珠、苍龙教子、望子成龙等图案上。

现在我国一些地方，特别是南方地区民间还有龙卷风、龙降雨的说法，这是古代农业社会祈求神龙降雨风俗的遗留。我国是农业国家，天气的好坏，雨水的多少，直接影响到农业的收成、民众的生活和社会的稳定。因此无论是高层统治者，还是平民百姓，都十分关注降雨量。若久旱无雨，就想方设法求雨，用玉龙祈求苍天适时送来甘霖，是古代重要的求雨形式，特别盛行于东周时期，在龙形玉璜上得到明显的反映。东周时期的龙形玉璜，形如"虹"，是模仿自然彩虹而来，因为彩虹的出现意味着暴风骤雨已经光临，人间迎接喜雨，获得生存。同时，玉璜两端为双龙首形，双龙首向下垂挂，意味着玉龙为人间送来了雨水，大雨如注。

除龙形玉璜外，东周时期千姿百态的S形玉龙，特别是体量较大的玉龙，是用于祈求雨水的。人们把玉龙看做能呼风唤雨，给民众带来福祉的神物。

古代没有能飞得很高的有效飞行器，但人们总是仰望星空，向往星空，想方设法腾云驾雾，奔向遥远的天空，到达想象中的理想天国。一方面是想探索大自然的奥秘，另一方面也是想借用龙的神力，达到升仙的目的。虽然至今还没有发现神人乘龙升仙图像的玉器，但在战国和汉代帛画中已有数例，基本形式是神龙为舟，神人乘龙驾舟，破云穿海，飘浮欲仙。其实，战国和西汉时期许多S形龙玉器，都是乘龙升仙题材的反映，佩戴这些玉器，希冀到达升天成仙的目的。这些形式多样、千姿百态的龙形玉器，是战国玉器艺术的集中体现。万变不离S形造型法则，增加了龙的灵动感，成为中国古典艺术的美妙构图楷模；技艺高超、别出心裁的镂空工艺，增添了龙的空灵感。独龙搏长空、众龙舞世界等具有时代气息的新式玉器横空出世，纷至沓来，与蓬勃向上的时代精神合拍。

龙是神兽，凤是神鸟，龙与凤几乎同时降生，同样古老，同样都是独立发明。在红山文化、石家河文化遗址中已发现形象完备的玉凤，河姆渡文化、良渚文化也已发现形象生动的凤鸟形象。凤与龙一样，开始可能是不同地区不同文化的图腾崇拜物，尤其是东方地区，凤鸟崇拜十分盛行。早期龙凤基本是独立独行的，代表着不同地区的氏族、部落、方国。后来，崇龙尊凤两大民族逐渐融合，成为华夏文化由多元至一统的重要标志，成为团结的力量，祥和的纽带。战国时期开始大量出现的龙凤呈祥图像，逐渐成为华夏民族共同喜爱的艺术形式。龙凤呈祥玉器，自东周时期开始，一直影响至今，但以战国和汉代的龙凤呈祥玉器最为精彩与生动。这一时期的龙凤玉器，构图千变万化，形象千姿百态，装饰千纹万花，工艺千琢万磨，或龙头凤尾，或巨龙娇凤，或龙凤和鸣，或行龙背凤，或双龙抱凤，或龙飞凤舞，表示的都是龙凤呈祥的艺术主题，令人赏心悦目，给人美的享受。

反映祥瑞意义的玉龙，还有双龙戏珠玉器，唐代以后陆续出现，明清时期成为玉器艺术主题。基本形式为双龙相向而动，口衔宝珠，眉目传情，仿佛是一对亲密情侣，卿卿我我，一派祥和气氛。

北京故宫博物院藏
清乾隆碧玉双龙杯盘

表示玉龙祈福兆吉含义的，还有苍龙教子、望子成龙玉器。一条大龙在一旁静静观察，一条小龙在一侧奋力游动，仿佛是在锻炼行走的姿态，称为苍龙教子，多见于元明清玉带钩。元明清苍龙教子玉带钩，常见形式是苍龙为钩首钩身，侧立于一侧以静观动，一条身材娇小的透雕龙子在钩腹上面对着苍龙游动，似乎在练习行走姿势，接受苍龙的教导。明清时期大小不一、姿态各异的数条游动玉龙在一起反复出现的玉器，是为望子成龙玉器。

苍龙教子、望子成龙玉器，既是龙生九子传说故事在玉器上的反映，也是古代教育理念的艺术体现，又是玉龙大众化、世俗化的表现，更是华夏玉龙文化数千年绵延发展的历史见证。

太极图形玉器

中国八千年玉文化，不仅创造了众多独树一帜的琢玉工艺，也创造了许多独一无二的器物形态，既有观念形态的方、圆几何形玉器，也有幻想的神兽世界，还有直接模仿自然的动植物形玉器，更有模仿青铜器、瓷器、金银器造型的实用玉器，千姿百态，蔚为壮观，构成了中国玉器琳琅满目的大千世界。那么，这些玉器形态，究竟哪一种玉器的造型最美？哪一种玉器的形态最具中国传统文化特色？我们认为不是动植物形玉器，也不是几何形玉器，更不是模仿形玉器，而是太极图形玉器。

太极图形玉器，就是当下俗称的S形玉器。但S形玉器仅是用外来符号表示，没有揭示其精深的文化内涵，而将其称之为太极图形玉器，则是中国传统文化的固有称呼，可以彰显其浓厚的传统文化底蕴。

图形精美绝伦

太极图形玉器萌芽于新石器时代，成纹成形于春秋时期，战国到西汉时期达到高峰，不仅数量众多，构图成熟，工艺精巧，而且内涵深刻，把太极图形的形式美在玉器上演绎得淋漓尽致。汉代以后，虽然太极图形的玉器有所减少，但作为一种独具特色的美术形态，积淀于中华传统文化中，并不断影响其他工艺美术的形态构成，成为具有中国民族特色的美术形态。

春秋时期的太极图形玉器,比较形象的有秦国镂空龙纹玉佩。陕西省凤翔县秦公 1 号墓曾出土多件春秋秦国镂空龙纹玉佩,形态呈扁平圆形,以镂空、阴刻琢玉技法成形,正面饰纹。因玉器形态特殊,见所未见,专家称之为"灯笼形玉佩",其实未必妥当,因为这是以今名定古物。这件扁平镂空饰纹圆形玉佩,由两条大龙合抱而成,首尾相衔,呈团状,龙首在上下两端,为简化形式,龙尾相交于内,相互交叉,形成双 S 形曲线。因此,这件玉佩是没有上下、左右之分的。大龙身上布满小龙,龙上加龙,神上加神,动上加动,更使这个玉佩充满动感、活力和神秘色彩,是太极图形在玉器构成上的新尝试。

战国时期太极图形玉器大量出现,几乎所有有能力琢磨玉器的诸侯国都有太极图形玉器,说明太极图形在当时的艺术设计中已经非常流行,广泛使用。

河北易县燕下都战国墓葬中,虽然出土玉器并不多,仅在 8 号墓和 30 号墓中出土了 20 余件玉器,但形态与琢磨工艺都非常有特色。至少有 3 组 6 件玉器是采用太极成形的,别开生面。其中两件镂空龙形玉佩,大小、材质、色泽不完全相同,但构图方式、形象刻画几乎是相同的,均采用"∽"状太极图成形。双龙同体,相背而飞,形态优美,活力四射,魅力无穷。为了增加双龙的灵动感与空灵美,夸张了龙首的鬃毛及胸部的长毛,给人以"动极而静"的感觉。这是战国时期形态比较规范的太极图形玉器。

地处长江流域的楚国,是战国时期思想文化艺术最为发达的诸侯国,中国传统文化中的许多精髓在这里孕育成长。太极图形的艺术形态在这里得到了广泛使用,尤其是大量的 S 形、∽形龙纹玉佩、龙形玉佩,把战国太极图形玉器推高到了一个新的艺术境界。安徽省长丰县杨公战国楚墓出土的两件大小、形态基本相同的楚国太极龙凤形玉佩是这一时期的代表作。器物略呈扁平长方形,通体镂空,主体为∽形龙,龙首高昂,挺胸回顾,龙体蜿蜒曲折,作驾云飞跃状。凤身与龙尾相接，形成龙凤同体双飞玉佩，其用料之精、构图之美、气势之大、含义之深，在战国玉器中出类拔萃，成为这一时期最豪华、经典的太极图形玉佩。

类似战国的太极图形玉器，西汉时期还有相当数量的出土物。以江苏徐州狮子山楚王陵出土的太极图形龙纹玉佩，数量多，玉材好，形态

安徽出土战国楚国太极图形龙凤玉佩

繁，工艺精，为西汉时期最重要的一批太极图形玉器。其中一件龙形玉佩为新疆和田白玉质地，滋润典雅，凝脂聚光。以镂空技艺琢磨的太极图龙形玉佩，略呈乀形，龙首屈回，龙身隆起，龙尾曲卷，呈不对称状，将太极图形玉龙腾空凌飞的神态刻画得神采飞扬，妙趣横生。

东周到西汉时期还有一种太极图形玉龙，没有瑞云附加，没有凤鸟攀附，而是一龙独舞，搏击长空。此类 S 形或乀形玉龙很多，或圆柱状，或扁平形。湖北省荆州市纪南镇凤凰山出土的一件龙形玉佩，龙体呈乀形，通体饰绞丝纹，舒展自如，优美典雅，好像在空中舞动跳跃。龙背穿有一孔，可以系挂佩戴。姿势始终处于来回摆动的均衡状态，"一动一静，互为其根"，这就是太极图的活力所在。

　　总之，东周到西汉时期的太极龙凤形玉器方兴未艾，构成了这一时期玉器的主流，引领一代风尚。形式多样、千姿百态的龙凤形玉器是战国玉器艺术的集中体现，万变不离太极图形造型法则，成为中国古典艺术的美妙构图楷模，增加了龙凤的灵动感；技艺高超、别出心裁的镂空工艺，增添了龙凤的空灵感，独龙搏长空、众凤舞世界、龙凤游天下等具有时代气息的新颖玉器横空出世，与蓬勃向上的时代精神相合拍。

江苏徐州出土西汉太极图形玉龙　　　　　江苏徐州出土西汉太极图形玉龙佩

内涵丰富神秘

　　上述所举古代玉器中所反映出的太极图形，不一定完全符合宋明时期理学家拟定的"阴阳鱼图"、"古太极八卦图"等形式规范的太极图形式，却是我们现在看到的太极图的前世，是太极图的重要源头。东周到西汉时期是《易经》以及阴阳五行学说形成和发展的重要时期，是中国天地宇宙观思想学说的奠定时期。太极图形，在思想意识上反映了异常丰富的内容，在艺术形式上表现了异常优美的形态。

太极是中国古代哲学思想的核心。北宋哲学家周敦颐作《太极图说》一文，对太极图包含的深刻内涵作了精辟阐述："无极而太极。太极动而生阳，动极而静，静而生阴，静极复动。一动一静，互为其根。分阴分阳，两仪立焉。阳变阴合，而生水火木金土。五气顺布，四时行焉。五行一阴阳也，阴阳一太极也，太极本无极也……二气交感，化生万物。万物生生，而变化无穷焉。惟人也得其秀而最灵……故圣人与天地合其德，日月合其明，四时合其序，鬼神合其吉凶。"

周敦颐在上述文中强调，"太极"是宇宙的本原，人和万物都是由阴阳二气和水火木金土相互作用形成的。五行统一于阴阳，阴阳统一于太极。同时，周敦颐也主张突出人在茫茫宇宙中的价值和作用，认为"惟人也得其秀而最灵"。周敦颐又突出了在茫茫人海中圣人的价值和作用，认为"圣人与天地合其德"。由此可见，古代太极图龙凤形玉器，是当时万物生长有序、生命周而复始、天地人合一的圣人君子宇宙观、世界观、道德观的综合反映，因而以太极成图成形的玉器特别生动、神奇、耐人寻味，当然也特别重要，是文化的符号，人文的瑰宝，国家的象征，时代的祥瑞。

太极图形是充满生命活力的艺术形式。太极图形展现了一种互相转化，对立统一的形式美，图式最简单，内涵最丰富，形式最完美，有最高等级、最高标准、最为完整的含义。太极图形用一根相反相成的S形线，把整个画面分成交互的两极，这两极围绕一个中心回旋不息，形成一虚一实，有无相生，左右相倾，前后上下相随的一种核心运动。这种对立而又和谐的美，正是古代先民用图形表现出来的宇宙观和认识论。太极图形之所以完整，是因为以对立来实现完整，一整一破，生动有力。若将太极曲线一次或多次重复，即可变成形式多样的图案，成为中国图案创作的基本母题。太极图案的特点，是抓住了重复、条理对比、虚实相间等图案构成方式，变化多端，各显其美。

太极图形除在中国玉器上大量使用外，在中国其他工艺美术中也被广泛应用。太极图形在瓷器、金银器、织绣、建筑彩绘等方面都得到广泛应用，常见的有对鸟、对兽、对鱼、对花图案，民间称为"喜相逢"。还有一对蝴蝶、一双鹦鹉、两只凤凰、两条游鱼等构成的图像，都表现出运动、飞舞、呼应、顾盼、回旋、均衡、关联等内容。阳中含阴，阴中含阳，静中寓动，动中显静，互相包融，赋予生命，再现灵光。

太极形图案，曲折多变，犹如语言、感情一样可以交流，既具中国民族形式，又具中国民族气派，具有无限的生命力。因为它体现的是中华民族文化的精髓，最具东方艺术的形式美，在世界美术史上独领风骚。

湖北出土战国双龙佩

中国玉器的价值

随着中国经济的持续发展，中国文化的不断推广，中国玉器越来越受青睐，中国玉文化越来越受重视，中国玉器越来越昂贵，财富价值越来越突显出来。究其原因，难道用"黄金有价玉无价"、"乱世藏金，盛世戴玉"一两句话就可以概括了吗？

从玉材本质、玉器历史、玉文化等多方位考察，中国玉器的价值至少包括玉器的历史价值、文化价值、科技价值、艺术价值、收藏价值和财富价值等方面。

历史价值

迄今为止的考古发现表明，中国是世界上最早认识玉的国家，也是最早使用玉、琢磨玉，并将玉器作为礼器的国家，具有八千多年的历史。玉在兴隆洼文化、红山文化、良渚文化等中国新石器时代文化中均有杰出的表现，玉玦、玉龙、玉璧、玉琮、玉钺等许多形态独创的玉器，成为中华文明起源的重要标志，成为早期中华文明的重要因素。起源早，源头清，观念新，是中国玉器具有历史价值的第一个方面。

进入文明社会后，中国玉器一直是政治观念、礼仪形态、文化传承的重要载体，伴随中国历史发展而发展，伴随中华文明前进而前进，始终与时代同步。其中虽有跌宕起伏，但总是在山穷水尽时峰回路转，获得新生，再铸辉煌，成为中华文化八千年来绵延不绝、一以贯之的文化艺术，也是世界文化史上八千年来从未间断的东方文化。

中国玉器是古老的，也是现代的，还是未来的。随着中华文化的大发展、大繁荣，中国玉器正在谱写新的时代乐章，书写新的历史篇章。

江苏出土良渚文化
镂空人兽复合形玉饰

文化价值

玉器是物品，又不是一般的物品；玉器是饰品，又不是一般的饰品。玉器是圣物，是神物，玉器的独特性在于物质中被赋予了无穷无尽的文化内涵，因而具有特别重要的文化价值。

中国文化数千年绵绵不断，其中有高峰，也有低谷。中国玉器总是能在中华文化发展的低谷时期，坚韧不拔，坚如磐石，给人信心，给予力量，在关键时刻，引领中国文化走出低谷，犹如耐寒的玉兰、知春的腊梅，引来文化艺术的万紫千红。因为玉器的精神代表了坚韧、坚强、勇敢、追求美好等中华文化的核心价值。其文化价值远远超出很多其他文化艺术品，是妙中之妙，玄中之玄。

南京出土明代琥珀发冠

科技价值

　　玉既是历史的，又是文化的，还是科技的。

　　玉的科技价值至少体现在玉矿的发现、玉料的辨别、玉性能的认识、玉器的琢磨等方面。

　　在自然科学和工程技术方面，中国古代有许多重大发现与发明，玉宝石矿藏的发现是重大成就之一，发现时间早、发现地点多、矿物质量好是其重要特点。玉的发现与认识使用，源于石又独立于石，包含着丰富的地质学、矿物学知识。考古发现与野外地质调查表明，西北的昆仑玉，东北的岫岩玉，中部的蓝田玉、南阳玉，台湾的花莲玉矿藏，早在五六千年前的新石器时代就已发现，并加以合理利用。这些发现，都是华夏先民在新石器时代石器加工过程中不断寻找优质石材而逐步发现与认识的，既要有实践经验，也要有丰富的地质矿藏、矿物知识。

　　要区分玉的优劣、真假，就要有丰富的实践经验与科技知识。因为色泽艳、硬度高的美石，不等于就是玉，玉还必须具备温润等特点。这既要认识玉的表面，还要透过现象看本质，认识玉的内核，表里统一，才是真玉美玉。

硬度很高的玉料加工成形态优美的玉器，是科技进步的重要体现。至于使用不同的玉材，施行不同的工艺，加工成不同形态、不同功能的玉器，更是要全面掌握玉料的物理性能、工艺特性，因材方可施艺。玉器镂空、浮雕、俏色、套链等高难度技艺的发明并逐步使用，成为中国玉器艺术特有的绝活，更是手工技艺与加工技术不断进步的产物。

北京出土金代玉花锁

艺术价值

玉不琢不成器。琢成了器的玉，不仅具有材料价值，更具备了艺术价值。

玉器艺术通常归属于工艺美术范畴，由于主要使用雕刻技艺成型，也属雕刻艺术。一些玉器上还有优美的图像、精致的文字，融雕刻艺术、书画艺术于一体，是一门综合艺术。玉器艺术最显著的特征体现在经典的造型艺术和别样的装饰艺术两个方面。

在中国工艺美术史上，最早具有规范形态的器具是玉器，最早具有观念意义的器具是玉器，流传时间最长的器具是玉器，对周边文化产生重要影响的器具也是玉器。八千年前东北兴隆洼文化发明的一边带缺口的圆形玉玦，对日本、朝鲜以及整个东亚地区产生过很大影响，一方面是东北的兴隆洼文化玉玦很快传播到周围地区；另一方面，周围地区很快以兴隆洼文化玉玦为标准形态，加以仿制，玉玦成为东亚地区新石器时代玉文化传播的重要媒介。又如铲状的玉牙璋，在新石器时代晚期黄河流域先民发明后，很快传播到西南地区，继续传播到越南等东南亚地区，成为早期中外文化交流与传播的重要物证。玉璧、玉琮、玉带钩、玉组佩、玉衣、玉如意、玉山子等，几乎都是中国玉器工艺美术别开生面的独特造型艺术，具有极高的艺术价值与审美价值。

山东出土东汉出廓"宜子孙"谷纹玉璧

　　通过反复琢磨出来的玉器装饰艺术，其艺术价值更容易使人理解。一件精致的玉器，除优良的质地、规范的形态外，雕刻技艺与装饰水平是提升玉器艺术的关键。工艺精细、图像优美，能呈现出玉器特殊的艺术价值，是玉器真善美的重要方面。

收藏价值

　　玉器的收藏价值是构成玉器价值的重要方面，因为只有便于收藏、容易收藏、值得收藏的物品，才具有永恒的价值。世界上许多收藏机构收藏的东西，都具有不可估量的价值。

　　玉器的收藏价值，首先反映在玉器是中国历史上贵族、官府最早并且最重视的收藏物品。在中国新石器时代中晚期的一些贵族大型墓葬中，玉器是重要陪葬器，许多玉器是生前收藏品。西周灭亡商朝时，掠夺了大量的玉器，成为西周玉文化、玉礼仪传承的重要基础。西汉时期不仅帝王收藏玉器，许多诸侯王也热衷于收藏玉器。宋徽宗、清乾隆皇帝更是将玉器列为宫廷内府最重要的收藏之一，孜孜不倦地加以搜集、研究与收藏。总之，历朝历代都将玉器视为先祖的遗物、先朝的遗珍、文化的宝物、镇宅的瑞物而加以珍藏，赋予其永恒的收藏价值。

　　同时，玉器还具有许多便于收藏的优势。玉器的艺术寿命长，十年不变样，百年不变色，千年不变质，万年不腐烂，越陈越润，越久越美，时间越长，价值越高，优势越明显。玉器小巧玲珑，一般器形不大，便于收藏，占有空间小，收藏环境条件要求也不高，不必为潮湿而担心，不必为冷热而担忧，不必为地震洪水而发愁，具有隐蔽与安全的特点。玉器还可以随时把玩与欣赏，其便利性远远超出其他工艺美术品。更具有现实意义的是，玉器是稀有资源，珍稀物品，加上工艺成本不断上升，受欢迎程度日益高涨，升值空间大，收藏价值更是无与伦比。

山西晋侯墓葬出土西周玉羊

财富价值

　　玉器珠宝的财富价值早已得到先民的公认。《墨子》云："和氏之璧，随侯之珠，三棘六异，此诸侯之良宝也。"和氏璧与随侯珠在古代中国玉宝石文化中不一定是最突出的杰作，却是知名度、美誉度最高的玉宝石。古有"得随侯之珠与和氏璧者富可敌国"之说。和氏璧是指东周时期楚国的玉璧，随侯珠是指东周时期随国的宝珠，并称古代双宝，价值连城。可见古代玉宝石的财富价值，主要指的是其稀有程度。

　　及至近代，由于金本位制的出现，特别是黄金作为世界公认的保值财富加以储备以来，中国玉器价值开始与黄金联系在一起，就有了"黄金有价玉无价"之说。

　　玉之所以无价，是因为玉器上体现出了黄金几乎没有的历史、文化、科技、艺术等方面的价值，这些价值很难以量计价。文化价值大于财富价值，因此常说玉无价。

　　黄金给人财富稳定感，玉器给人精神愉悦感。玉器具有文化的价值，文化的力量，而文化的价值和力量是无价的。

　　这里需要指出的是，并非所有的玉器都是"无价之宝"，只有那些具有较高历史、工艺、审美价值，并且玉料精美、保存良好的玉器，才具有不菲的财富价值。

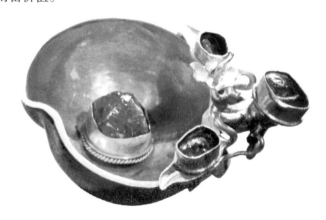

北京出土明代嵌宝石金杯

中国玉器的海外传播

以精致、玲珑见长的中国玉器，虽不像中国瓷器那样，因开辟了连接东西方文化的"丝绸之路"、"陶瓷之路"而誉满全球，但中国玉文化在域外的影响同样不可小视。随着全球范围的中国文化热的再兴，玉文化再次独领风骚，不以体大取胜，不以艳丽惊奇，而以温润的品质、优雅的色泽、精细的雕工、深奥的文化内涵展示于世界各大博物馆，展销于世界著名艺术博览会、拍卖会，深藏于名斋深阁中，受到越来越多人的青睐，在世界文化艺术宝库中占有重要的地位。

艺术是无价的，因为艺术所包含的独特工艺及深厚文化内涵很难用价格来衡量，同时，相当多的帝王贵族在玉器上的投入，以及宗教艺术的创作，本身就是不惜一切代价的，更不要说流通的价格了。俗语说，黄金有价玉无价。古代一块"和氏璧"价值15座城，这仅是一个形象比喻，说明珍贵玉器价值连城，价格无法估量。但玉雕艺术品在一定的时空范围内还是有价的。艺术品若真的无价，就不能流通，也无法在现代商品经济大潮中确定其合理的价值，得到理想的归属。了解中国玉器的海外传播情况，能使我们在了解了中国玉器的历史、文化、艺术价值外，确定玉器在中国乃至世界艺术品市场的价值坐标，从而更全面地认识中国玉器的价值。

收藏众多

我们一时无法考证第一件中国玉器流传到欧美的确切时间。最早记载中国玉器的是一位英国驻华大使马卡蒂尼爵士。他于1792至1794年驻中国期间，记述清乾隆皇帝赠送给英王乔治三世的一个礼物时写道：皇帝送给陛下的第一件礼物是一件玉如意，长12英寸。中国人非常喜爱如意，它代表和平与吉祥。这件玉如意后来出现在1822年詹姆士·克利斯蒂编写的拍卖图录中。大清皇帝将玉如意作为国礼，一方面说明玉器在清皇帝眼里至高无上的地位，另一方面也说明，在信息封闭的时代，能看到国礼的毕竟是少数，所以中国玉器当时不可能引起西方人太多的注意。但其影响也不能忽视，所谓上有所好下必效之。中国玉如意进入英皇室，为日后中国玉器大量进入大英帝国埋下了伏笔。

大量中国玉器流传到欧美，并引起西方人的注意，应与圆明园文物被劫有很大的关系。具有"人类奇迹"、"万园之园"之称的圆明园，于1860年10月18日被英国公使额尔金和英军司令格兰特焚毁。自康熙以来清代帝王在圆明园庋藏的商周青铜器、历代瓷器精品、名人书画、帝皇玉玺、玉器、漆器、牙雕、珐琅、珊瑚等总数逾10万件绝世宝物，大部分被英法联军盗劫。法国皇帝拿破仑三世在枫丹白露宫专门建造中国文物馆，用以收藏圆明园珍宝。欧洲其他国家也有类似特藏。1904年康有为游历欧洲，在法国亲眼目睹圆明园遗物，哭曰"见到圆明园宝物，令人伤心"。

中国玉器大量流入欧美，还有几件事值得一提。一是洛阳金村古墓文物的被盗。1928年，河南省洛阳市区以东10公里的汉魏洛阳古城遗址的东北角，暴雨后因地面塌陷露出大批东周王室墓葬。许多珍贵文物被盗掘，其中包括不少精美玉器，随后这些奇珍异宝多数被欧美人、日本人抢购。一些金村古墓玉器已公开，如美国弗里尔美术馆、哈佛大学福格美术馆收藏的金村古墓玉器已出版。还有相当部分金村古玉在博物馆、收藏家手中，至今未公之于世。比利时皇家历史艺术博物馆等公私机构收藏的金村古玉，笔者曾亲眼目睹，令人爱不释手。近年玉器拍卖行还能偶尔见到金村古玉。

19世纪末20世纪初，北京的琉璃厂及天津、上海的古玩市场，曾是欧美有识之士淘玉的好地方。其时浙江杭州良渚镇附近出土了大量的古玉，有的乡民成担挑到沪上出售。比利时一位中国文物收藏家收藏的中国玉器中有相当多的精品，特别是良渚文化玉琮，是他的父亲在上海外资银行任职时所购。还有一件商代镶嵌绿松石铜柄玉戈，是他受父亲喜爱中国玉的影响，上大学期间花三个月伙食费在伦敦中国艺术市场购得，出土于中国河南省，相当精美与稀有，常于欧洲展览，令观者流连忘返。

大英博物馆藏商代鹦鹉玉佩

东京国立博物馆藏良渚文化猪形玉镶

研究精深

　　中国早期学者研究玉器，是从阐述玉德观念开始的，认为这才是真学问。而对玉料识别、器型特征等很少关注，认为这是工匠经验，学者不屑一顾。而欧美学者研究中国玉器，是从中国玉器的矿物成分、造型艺术分析着手的，正好弥补了中国学者的不足。

　　1863 年法国矿物学家德穆尔对被劫往欧洲的圆明园旧藏新疆和田玉和缅甸翡翠进行了矿物学分析，使欧洲人对中国玉器有了进一步的认识，既厘清了玉石的本质，又理出了玉石与宝石的异同，并逐步认识了中国玉器的文化意义。

法国吉美博物馆藏明代双螭龙耳玉杯

美国纳尔逊美术馆藏金村战国出廓龙纹玉璧

1912 年，美国学者劳佛的《说玉：中国考古学和宗教的研究》，在西方被认为是中国玉器研究第一部划时代的专著，尽管考证部分几乎全部沿袭吴大澂的研究成果，但至少在西方有了让人看得懂的英文中国玉器著作。从此，中国玉器成为西方学者研究中国考古学、美术史所不能不关注的物质史料。1975 年，哈佛大学著名东方艺术史教授 Max Loehr 出版了《古代中国玉器》一书，他对 1943 年 Grenville L.Winthrop 捐赠给哈佛大学福格美术馆的 600 多件中国玉器进行了深入的研究。在考古资料缺乏的情况下，其时代判断之准确、用途考订之详尽，为其他玉器研究著作望尘莫及，令人敬佩，成为西方收藏、鉴定中国玉器的必读经典著作，影响很大。台港玉器收藏家称其为"红皮书"，因为该书是用红皮包装。

近年一些欧美大博物馆举办中国玉器特展，使西方中国文物爱好者不仅有书读，更有实物看，还配合展览出版研究图录。1995 年、2002 年，著名的大英博物馆分别举办了"中国玉器：新石器至清"、"中国玉器 7000 年"两场大型中国玉器展。类似的中国玉器专题展览，在美国博物馆也举办过多场，很受欢迎。

还有一点也不可忽视，改革开放以来中国大量的出土文物在欧美展出，每展必有精美的玉器。这些玉器展品为欧美收藏家提供了最新的玉器研究资料，进一步方便和推动了欧美学者对中国玉器的研究。

市场受宠

海外中国玉器的流通与传播，渠道多种，方法多样。有作为礼物赠送去的，有不择手段掠夺去的，有通过非常途径走私出去的，有直接在古玩市场、友谊商店、文物商店收购的，更多的还是通过海外各种展销会、拍卖会买卖后在各地流通起来的。中国玉器在海外艺术品市场份额不大，影响力却越来越大，越来越受欢迎。

回顾一下历史，上世纪初，随着中国陷入纷乱的战争动荡时期，北京琉璃厂等著名古玩市场风光不再。由于大量中国文物流落到欧洲，中国古董文物市场也由琉璃厂以及天津、上海等口岸城市悄然向欧洲转移，欧洲大都会伦敦也就继北京之后成为中国古董文物的集散地。

具有 200 多年历史的英国著名拍卖行，索斯比（Sotheby´s，今译苏富比）和克里斯蒂（Christie´s，今译佳士得），看到中国古董文物的诱人前景，早早地介入了中国古董文物的拍卖。苏富比和佳士得拍卖公司的介入，导致中国古董文物的市场价格开始由英国人掌控。苏富比是全球最大的艺术品拍卖公司。目前这两家公司每年拍卖的艺术品多达几十万件，操纵着全球艺术品市场的 40%。举世瞩目的重大文物、艺术品的拍卖，几乎全被这两大拍卖企业所垄断。中国艺术品也不例外，公司有专门负责中国艺术品拍卖的中国部，其中也包括中国玉器工艺品。

由于大量中国玉器流入欧美，加上艺术品拍卖行的推波助澜，中国古代玉器最先在欧美市场受宠，比中国大陆市场要早数十年。由于全球经济的复苏，加上投资投机行为的加剧，中国玉器艺术品海外需求量大增，价格不断攀升。

美国哈佛大学艺术馆藏战国S形龙凤玉佩

2000年伦敦苏富比、佳士得进行秋拍，一对清乾隆白玉碗，口径13.6厘米，以4.42万英镑成交。佳士得清乾隆白玉流云蝙蝠双耳带盖葫芦瓶，高20.8厘米，拍卖时独领风骚，以高出估价三倍多的4.7万英镑卖出。2000年伦敦苏富比、佳士得中国玉器成功拍卖，可以说是拉开了新世纪中国玉器拍卖的大幕，从此中国玉器价格一路高歌猛进。

2004年6月9日伦敦苏富比举行中国瓷器与工艺品拍卖，封面拍品是一件明末或清初的黑斑灰青玉水牛，长36.5厘米，是此拍估价最高的拍品。最后以高出预估价53.2万英镑的价格成交，不但成为此拍的第一高价，也创下中国圆雕玉兽拍卖价的世界记录。研究者认为，玉牛可能原是热河避暑山庄一组玉雕中的一件，曾在1952年7月18日的伦敦苏富比会上拍出。还有一件乾隆和田白玉活环双耳万寿纹碗，最大径围31.7 厘米，不仅玉质精美，造型设计与雕琢工艺精益求精，而且自 20世纪 40 年代起多次在美国等地展出并见著录。此碗于 1992 年 4 月 1 日在香港佳士得春拍中现身，当时预估价为 280 ~ 320 万港元，结果创下462 万港元的高价。时隔 12 年，此碗在 2004 年香港佳士得春拍中再次登场，再创玉器拍卖新高，自 500 万港元起拍，受到多位藏家的激烈竞标，价格直线上升，最后被一位神秘藏家用电话委托以 1932 万港元购得，创下中国白玉雕刻最高成交价的世界记录。

在海外中国玉器市场中，乾隆玉雕特别受宠，价格一路高涨，记录不断刷新。在 2007 年香港苏富比秋季拍卖会上，一件清乾隆帝御题诗"太上皇帝"白玉圆玺，以 4624 万元港币成交，超出预估价的两倍，亦破了中国玉器拍卖的世界纪录。此"太上皇帝"白玉圆玺于 2010 年再次上拍卖会，成为香港苏富比春拍压轴戏，最终以 9586 万港元成交，刷新了中国御制玉玺、中国白玉拍卖的世界纪录。

乾隆"太上皇帝"白玉圆玺，以温润乳白的羊脂白玉精琢而成，印钮高浮雕围绕寿山图符游动的双螭龙，印面以篆体浅阳雕"太上皇帝"四字。据印体侧面阴刻文字可知，此印是乾隆皇帝 85 岁卸任后改当太上皇帝时制造，是众多乾隆"太上皇帝"玺印系列中重要的一枚。

清乾隆帝御宝题诗"太上皇帝"白玉圆玺，兼备珍贵文物的历史、文化、工艺价值，同时也具备了珍贵文物的权威性、独特性和唯一性。拍出如此高的价格，除了收藏界继续厚爱帝王文物外，也与近年新疆和田玉料价格的高歌猛进有很大的关系。

清乾隆"太上皇帝"玉玺

2009 年 5 月 22 日，在英国举行的亚洲艺术品拍卖会上，一件估价50 万英镑的中国 18 世纪的玉牛摆件，以 420 万英镑（约合 4528 万元人民币，含付给拍卖行的费用）成交，创下了中国玉制文物拍卖的世界纪录。媒体以"最昂贵的玉件"为标题纷纷加以报道。

玉制水牛，墨绿色玉质，卧在镀金青铜座上，回首望天，神态悠然，工艺精湛。据拍卖资料知，这件玉牛摆件最早由英国军人萨克维尔·佩勒姆伯爵以 300 英镑于 1938 年购得，相当于时下 5.2 万英镑（约合 7.6 万美元）。佩勒姆于 1948 年去世。他的长女迪亚娜继承玉牛摆件，同年移居南非，从此玉牛摆件下落不明。迪亚娜于 2005 年回到英国后，在一家银行金库中打开了一只老木箱，令人意外的是，箱中装的果真是这件玉牛摆件。据文物专家研究，此玉牛摆件可能来自中国的圆明园。

海外中国玉器市场的活跃，既是国际热衷投资中国艺术品的一个缩影，又是世界重新认识中国玉文化的生动体现，更是中国玉文化的价值回归。

慧眼识玉辨真伪

从大量的考古出土玉器及传世玉器可知，古人具有丰富的辨玉经验，早在新石器时代就能分辨出玉的真假好坏，常把好的真玉琢成重器、礼器。商周时期以来，历朝历代帝王玉都用和田玉琢磨，说明对和田玉的性能了如指掌。及至清代中晚期，宫内后妃首饰用玉几乎都选用高档的和田白玉或缅甸翠玉。可见，辨玉的技艺及方法自玉器开始琢磨以来就逐步形成。

辨玉故事

在中国玉文化发展史上，涌现了许多辨玉大家，留下了许多辨玉美谈。许多故事脍炙人口，其中以卞和献玉、宋人得玉、乾隆辨玉最具有代表性。

据先秦时期文献记载，春秋战国之际的楚国有一个叫卞和（也作和氏）的人，在楚国境内荆山里得到了一块璞玉（含有皮壳的籽料玉）。卞和捧着璞玉去献给楚厉王，厉王命玉人辨别，玉人看后回答说，这不过是一块普通的石头。楚厉王大怒，以欺君之罪命人砍下卞和的左足。楚厉王死后，楚武王即位，卞和再次捧着璞玉去见武王，武王又命玉人辨识，玉人依然说只是一块平常的石头，卞和因此又失去了右足。武王死，楚文王即位，卞和抱着璞玉在楚山下痛哭了三天三夜，哭干了眼泪，哭出了鲜血。楚文王得知后派人询问卞和为何昼夜痛哭，卞和回答说，我并不是哭我被砍去了双足，而是哭宝玉被当成了石头，忠贞之人被当成了欺君之徒，无罪而受刑辱。于是，楚文王命玉工剖开这块璞玉，果真是稀世宝玉，于是下令琢成玉璧。司马迁在《史记》中所载的"完璧归赵"故事中的"和氏璧"，据说就是用卞和所献之宝玉琢制。

西雅图艺术博物馆藏西周龙纹玉璧

古代还有宋人得玉的故事。大意是说，春秋宋国有人得到了一块宝玉，想献给宋国高官子罕，子罕坚决不接受。献玉的人说，我给工匠看了，他认为这是块宝玉，所以才敢献给你。子罕回答说，我不能无缘无故收下这块玉当作自己的珍宝，你应该把玉当作珍宝。如果你把玉给了我，那我们都丧失了自己的珍宝，不如咱们各自都保存着自己的珍宝。献玉人继而叩头说，小人带着宝玉，不能穿越乡里，献出宝玉是为了请求免于一死。子罕于是把宝玉留在了乡里，让玉匠雕刻成器，卖出后再让献玉人回老家去。

卞和献玉、宋人得玉的故事，在古代史书上曾大书特书，几乎家喻户晓，妇孺皆知。其实这两则故事明显带有智慧哲理的寓言性质，既说明了识玉、辨玉的不易，同时也说明了不同品格、不同精神世界的人，对宝玉的态度是不一样的，昏君有眼不识宝玉，君子识宝玉而不占为己有，琢成宝器，让其成为天下共传之宝物。

如果说卞和献玉、宋人得玉带有传说的成分，那么清代乾隆皇帝辨玉则是实实在在的事，他不仅倡导玉文化，还身体力行，亲自辨别老玉、好玉，写下了不少辨析玉器的"御制诗"，许多故事还记入《清实录》，成为国家档案。

乾隆非常喜爱古玉，对上古玉器更是不遗余力地四处寻觅。清宫遗存的上万件古玉，多数是乾隆时期通过不同渠道带进宫的，大多数为朝贡之物。乾隆还亲自对古玉进行鉴别、定级。清宫旧藏的大量古玉多数有乾隆时期配制的木托、木座或木匣。这些附饰配件随器施形，雕琢精致奇巧，大多数出自宫廷作坊雕刻高手之手，本身也是珍贵的雕刻艺术品。有些木制配件上有"甲"、"乙"、"丙"字样，这是乾隆皇帝对古玉定级所刻的记号。"甲"表示是最好的古玉，被视为重器国宝；"乙"是很好的古玉，相当于重要文物；"丙"是一般古玉，但有收藏价值，值得珍藏。

乾隆将良渚文化玉琮亲自考证为"玉辋头瓶"，并在一些良渚文化玉琮四面的四条"天柱"上加刻自己所作的御制诗。乾隆还命玉工在齐家文化玉璧、良渚文化玉璧、龙山文化玉圭等远古时期的玉器上琢刻"古稀天子"等玺文。

尽管乾隆皇帝对玉器的鉴别造诣精深，但也有明显的失辨之处，原因主要是由于当时没有正式考古发掘玉器用于比对宫内所藏古玉器。有两个明显的失辨例子，其一，乾隆把一件18世纪痕都斯坦石英瓜瓢误定为白玉，还赋诗加以赞扬。其二，乾隆把一件宫内收藏的明代风格的双人耳玉杯定为古玉。他请在宫内服务的苏州专诸巷玉匠姚宗仁辨识，原来是姚氏祖上所琢的仿古玉，因玉材经过"烧古"处理，疑似古玉，让乾隆一时迷惑。由此可见，要真正辨识玉器的材料、琢制年代，是一件不容易的事。

乾隆皇帝鉴定过的新石器时代玉璧 　　　　　　　清乾隆仿古玉璧

乾隆皇帝考订过的龙山文化玉圭

辨伪方法

　　古人辨别玉器真伪优劣的传奇故事和诸多方法，无疑对当下鉴定玉器有许多重要的参考价值。随着地下玉器的大量出土，玉器琢磨工艺的进步，加上现代科技应用于玉材的处理，当下辨玉方法比历史上任何时候都要复杂。迄今为止的科技方法还无法鉴定玉器的时代早晚、价值高低，科技检测只能分析玉材的成分和玉料的产地。因此，目前鉴定玉器的真假、好坏，实践经验还是相当重要，科技检测不能解决所有问题。

　　一位资深古玉鉴定专家曾概括出古玉鉴定的要诀：远看器形，近看花纹，细察琢工。玉器器形，主要看其造型特点及时代风格，因每个时代都有代表性的玉器造型。玉器花纹，主要是看每个时代的玉器装饰母题，每个时代玉器都有不同的主题花纹。了解了每个时期玉器形态、装饰的细微差别，还要看玉器的碾磨刀工。

也有专家说，灯下不看玉。还有专家说，新手看玉靠灯，老手看玉靠眼；新手看玉翻书本，老手看玉凭智慧；新手摸玉，老手望玉。总之，一个有眼力、实力的鉴定家，是有一套办法的。玉器既有个性，也有共性。鉴定玉器的共性，也就是基本方法，至少体现在材质、色泽、形态、纹饰、琢工五个方面，要求首看玉材，次辨色泽，审慎形制，区别纹样，推巧琢工。下面分别简要述之。

（1）首看玉材。鉴定一件玉器的新旧、优劣、真伪，先要看玉材，看玉器的材料与其造型、装饰风格及历史背景是否相符合。若符合，一件玉器的可靠性就有了基础，否则就要警惕，仔细考虑是何原因引起的不符合。

从中国玉器史考察，新石器时代玉器大多就地、就近取材。红山文化玉器可能属于辽东半岛岫岩玉系统，其玉质接近至今还在广泛使用的岫岩蛇纹石玉。良渚文化玉器取材于茅山脉和天目山脉，地质部门已在江苏省溧阳小梅岭发现角闪石软玉矿，品质与苏南出土的良渚文化玉器基本一致。山东大汶口文化、龙山文化玉器使用夷玉，河南曾发现用南阳玉琢磨的玉斧。新疆地区新石器时代已用和田玉琢制玉斧，有的还是晶莹滋润的和田上等白玉。

商周的王室用玉，特别是象征君臣高贵身份及君子高尚品德的玉佩，多用和田玉琢制，而丧葬玉则用质地较差的珉琢磨。汉代玉器以和田玉为主，同时西安附近的蓝田玉、南阳的独山玉也得到小规模的采掘。汉以后的唐宋元明清时期，始终以和田玉为主流。

（2）次辨色泽。有学者把玉的色沁比作鉴定古玉的灵魂，实因玉之色泽五彩缤纷，变化多端，既令人捉摸不定，又令人眼花缭乱，其自然色、自然沁与人工沁交相辉映，又各不相同，是鉴定古玉的重要根据。

鉴定古玉，在沁色方面先要分出玉之天然赋色，然后再分辨自然沁与人工沁的区别。一般来讲，自然沁色泽典雅，有明显的过渡层次，色泽有深浅浓淡的变化，沁色深入玉肌里面，分布无明显界限。人工沁色，色泽呆板，缺乏光泽，有的还油污不清，无明显的层次感，缺乏变化，常浮在器表，多在边角、裂绺、头尾处，分布有规律可循。自然沁处玉质多有侵蚀，人工沁处一般没有。若一件玉器出现人工沁的迹象，有理由认为是仿古假玉，至少是提过色的旧玉。

（3）审慎形制。中国玉器之所以在众多工艺美术中魅力无穷，除深远的文化背景外，关键有一套形态鲜明、个性独特的形制。比如红山文化的玉龙、云纹玉佩，良渚文化的玉琮、玉璧、三叉形玉器、神兽纹玉饰，商代的双勾线肖生玉饰，西周的凤鸟纹玉刀，汉代的镂空玉璧、玉具剑、玉翁仲、玉刚卯、玉握猪，唐代的玉飞天，宋代的花形玉佩等等，均是中国琢玉史上的经典造型。

鉴定古玉难在传世品。那么，在一件传世玉面前，如何甄别真伪呢？可借用考古学研究中的标型学加以对照分析，即用传世玉与出土玉器两相比较，其差别显而易见。若两件玉器形态有差异，加上传世玉的玉质、色沁、纹样、琢工等方面留下破绽，那么，这件传世玉器必为仿品无疑。

（4）区别纹样。如果说形态是认识古玉的宏观世界，那么，纹样则是鉴定古玉的微观世界。形态是基础，是初加工；纹样是精工，锦上添花。无论是鉴定出土古玉，还是传世古玉，纹样都是重要依据。装饰纹样不仅能反映出作品的艺术主题，也能体现出一个时代的思想内涵和艺术风格。

中国玉器在几千年的发展历程中，形成了一套独特的装饰纹样风格。可概括为新石器时代玉器装饰的神秘性，殷商西周玉器装饰的礼仪性，东周汉代玉器装饰的多彩性，唐宋元玉器装饰的兼容性，明清玉器装饰的风俗性。

（5）推巧琢工。形态是宏观，纹样是微观，琢工是显微。说它是显微，一是玉器琢工以往常不被鉴赏家所重视，现在鉴赏家又过于重视；二是在石器时代、青铜时代、铁器时代，尽管碾琢玉器的工具与技术不断改进与提高，形成了各自不同的时代风格，但由于千百年来琢玉都离不开解玉砂及铊具，碾玉技术变化不明显，只有在不为常人注意的边角孔壁等隐藏部位寻找蛛丝马迹。尽管这些仅仅是点点滴滴的细微差别，但对鉴定古玉真伪至关重要，因为造型、花纹相对容易模仿伪造，但玉器碾琢技法由于年代久远，很难完全仿得与原件一模一样。因此，琢工是鉴定古玉的重要标尺。

一些玉器爱好者常能找到许多精美的、独特的玉器，运气好可能是原因之一，更重要的是有扎实的文化功底、丰富的玉器知识、日积月累的实践经验，还有正确的辨别方法及科学的态度，能慧眼识宝，持之以恒，终有望成为玉器收藏家、鉴赏家、鉴定家。

杭州出土宋代螭龙谷纹玉璧